# 轻松读懂心理学

丁浩◎编著

国家一级出版社 中国纺织出版社 全国百佳图书出版单位

## 内 容 提 要

心理学和我们生活工作的方方面面有着密切的关系，但并不是每个人都能懂得其中的关联，而读懂心理学进而利用心理学的玄妙来解决生活中的问题，是本书最想呈现给您的内容。

本书从生活实际出发，通过对行为心理学、社交心理学、人格心理学、得失心理学等方面的介绍，深入剖析“心理学”的真正含义，指导人们以心理学思维看待世界、处理问题。书中语言通俗易懂，让您轻松读懂，便捷掌握。

**图书在版编目（CIP）数据**

轻松读懂心理学 / 丁浩编著.—北京：中国纺织出版社，2019.1

ISBN 978-7-5180-5461-9

Ⅰ.①轻… Ⅱ.①丁… Ⅲ.①心理学—通俗读物 Ⅳ.①B84-49

中国版本图书馆CIP数据核字（2018）第227677号

---

责任编辑：闫　星　　特约编辑：李　杨
责任校对：武凤余　　责任印制：储志伟

---

中国纺织出版社出版发行
地址：北京市朝阳区百子湾东里A407号楼　邮政编码：100124
销售电话：010-67004422　传真：010-87155801
http：//www.c-textilep.com
E-mail：faxing@c-textilep.com
中国纺织出版社天猫旗舰店
官方微博http：//weibo.com/2119887771
三河市宏盛印务有限公司印刷　各地新华书店经销
2019年1月第1版第1次印刷
开本：710×1000　1/16　印张：14
字数：109千字　定价：39.80元

---

# 前言

在人们惯有的认知里，心理学是一门晦涩难懂的学科。实际上，心理学是一门研究人类心理现象及其影响下的精神功能和行为活动的科学，兼具理论性和应用性。心理学包括基础心理学与应用心理学两大领域，其研究涉及知觉、认知、情绪、思维、人格、行为习惯、人际关系、社会关系等许多领域，且与日常生活中的很多领域，诸如家庭、教育、健康、社会等发生关联。

其实，心理学在生活中无处不在，凡事都有心理学的影子，有人在的地方，就有心理学。为什么职场中有异性相吸的说法？为什么人们对于初恋总是难以忘怀？为什么越是禁止的事情对人们的吸引力越大？为什么人们喜欢喜欢养宠物……这些似乎发生得那么理所当然，但我们通常只知其然而不知其所以然。然而，通过心理学阐释，我们便能将背后的原因看得更透彻些。

生活中，我们都身处于一个巨大的社会关系网中，免不了需要与形形色色的人打交道。不管是与人进行有效沟通，还是计划去做什么事情，心理学都有其用武之地。当我们与人打交道的时候，如果深谙人际关系学，我们便可以通过察言观色很好地了解对方的真实心理，从而调整自己的交际方法，最终使沟通朝着良好的方向迈进；当我们需要去做一件事情的时候，如果可以很好地利用首因效应、可口可乐效应、登门槛效应等，我们便可以很好地打动对方，从而利于事情的成功。

总之，心理学与我们每个人的生活息息相关。如果能掌握基础的心理学知识，学会以心理学思维看待世界，相信你的生活会发生巨大的改变！

编著者

2018年6月

# 目录

## 第09章 职场心理学：打造办公室交际高手



## 第10章 情绪心理学：保持好心情迎来好事情



## 第11章 教子心理学：懂点心理学教出好孩子

# 第 01 章

## 什么是心理学？心理学怎样影响心理

心理学，涉及知觉、认知、情绪、思维、人格、行为习惯、人际关系、社会文化等许多领域，是一门研究人的心理现象、人的行为和心理活动规律的科学。心理学，无处不在，且对人们的生活有非常大的影响。

## 神奇的心理学

人类的种种行为和思维的背后，是有一定原因的。如果能找出其中的缘由，人就可以更透彻地了解自己，并在人际交往中避免很多不必要的麻烦。而心理学就像指南针，可以指导我们更好地了解自己、认识他人。

那么，什么是心理学呢？生活中，人们看到美丽的花朵会心情愉悦，听到动人的故事会痛哭流涕，这些都是心理活动产生的结果。心理学是一门研究人的心理现象、人的行为和心理活动规律的科学。简言之，心理学就是科学地研究人类心理的学问，它既包含理论学科，也包含应用学科。此门科学的发展，对人类社会具有深远的影响。

心理学一词来源于希腊文，意思是关于灵魂的科学。灵魂在希腊文中也有气体或呼吸的意思，因为古代人们认为生命依赖于呼吸，呼吸停止，生命就完结了。随着科学的发展，心理学的研究对象由灵魂改为心灵。1879年，德国著名心理学家冯特在莱比锡大学创建了世界上第一个心理学实验室，开始对心理现象进行系统的实验研究。在心理学史上，人们把这一事件看作心理学脱离哲学的怀抱、成为一门独立学科的标志。科学的心理学不仅对心理现象进行描述，更重要的是对心理现象进行说明，以揭示其发生发展的规律。

心理学既研究人的心理，也研究动物的心理（研究动物心理主要是为了深层次地了解、预测人的心理的发生、发展的规律），而以人的心理现象为主要研究对象。总而言之，心理学是研究心理现象和心理规律的一门科学。

# 无处不在的心理学

生活中，相信我们都有很多不理解的问题：为什么面对自己喜欢的人却故意冷落他，面对不喜欢的人反倒热情相待，而事后往往后悔不已；为什么有些人会有心理问题；为什么有些销售员总能轻松拿下大订单……我们也会遇到一些棘手的问题：最近心情不好该怎么排遣，如何挽回即将凋零的婚姻，怎样才知道自己的心理是否健康……而其实，只要我们掌握一些心理学知识，我们就有可能得到答案。我们不难看出，心理学与生活密切相关，它并没有人们想象得那么神秘。的确，我们总是能听见身边的人说，“他是搞心理学的，什么鬼把戏也瞒不过他。”或者：“还是搞心理学的，一点也不了解领导，至今还没一官半职。”更有甚者，一听心理学，就把它同唯心主义或算命联系起来，把心理学视为“玄学”。这些都是常见的对心理学的误解。其实，心理学的各个学科都直接关系到生活的各个方面，具体来说有：

1.了解自身，认识他人

实际上，人类的心理是不可思议的，比如，一些男人生活幸福、家有娇妻，为什么还要偷腥？为什么我们越是想做好一件事，就越是做不好？为什么有些人囊中羞涩却总是喜欢请客……实际上，这些行为和思维的背后是有一定原因的。如果能找出其中的缘由，人就可以更透彻地了解自己，并在人际交往中避免很多不必要的麻烦。总而言之，心理学可以帮助我们更好地了解自己、认识他人。

2.评估心理问题，诊断心理疾病

临床与咨询心理学可以教授我们从个体的认知、情绪、行为等方面评估心理问题的性质及严重程度。异常心理学可以通过诊断标准来判断个体是否患有或患有何种心理疾病，并根据诊断结果制订下一步的治疗计划。即使我们不是专业的心理咨询师或精神科医生，我们可以通过学习来了解自身及他人状态，并作出相应的调整及适当的干预。

3.指导人们参与人际交往

与人际交往联系最紧密的应该是社会心理学，社会心理学主要研究个体和群体的社会心理现象。它可以作为我们生活的指引。比如，它能够告诉我们爱情的种类，告诉我们怎么样去寻找自己理想的爱情，并且指导我们未来的婚姻生活。

不过，心理学的应用远不止以上三个大方面，比如，通过研究发生自然灾害时人们的心理，可以制订出最合理的避难措施；通过研究罪犯的心理，可以采取适当的措施有效减少犯罪，并完善罪犯的人格；通过心理学研究，纠正人类视觉的错觉……总之，心理学的应用范围非常广，与此同时，它也是一门非常深奥的学问。心理学一方面尝试用大脑运作来解释个人基本的行为与心理机能，另一方面，与神经科学、医学、生物学等科学有关；同时，心理学也尝试解释个人心理机能在社会行为与社会动力中的角色。

## 学会道歉和学会接受道歉

人生在世，孰能无过。生活中，我们常常会无意中做错事，做错事并不要紧，只要我们懂得及时说一句“对不起”。心理学认为，大多数情况下，“对不起”可以消解对方的怒气，因为“对不起”三个字能很好地转变对方否定的观点，令其感觉自己被理解。因此，一般情况下，只要我们说了对不起，因自己做错事而引发的矛盾便能轻松缓解。

这天，刚下飞机的陈先生行色匆匆地走着，半个小时之内，他必须赶到一家大型的公司进行业务洽谈。

这时，他突然“哎哟”一声，原来，一个年轻的姑娘不小心踩了陈先生一脚。姑娘穿着细跟的高跟鞋，尽管陈先生想忍着，但他实在疼得受不住了，便大声叫了出来。他正想数落一下这个姑娘，谁知道姑娘立即说：“先生，真是对不起，你看我只知道赶路，伤着你了，真是不好意思！这样吧，我们现在就去医院看看吧！”

陈先生一看姑娘诚恳的样子，想想自己一个大老爷们儿，没必要跟一个小姑娘计较，于是，他就说：“算了，没事，你也不是故意的，你赶紧走吧，别耽误时间了。”

听到陈先生这么说，姑娘连忙说了几个谢谢，然后就离开了。

被陌生人踩了一脚的陈先生为什么会怒气全无？因为这位姑娘及时道了歉，说了“对不起”。我们不难发现，生活中，很多矛盾的激化，其实都源自一些无伤大雅的小问题，只要我们说句“对不起”，事情就能轻松地解决。因此，我们需要学会道歉，并且掌握道歉的艺术。也许有人会说，道歉有什么难的，说声“对不起”不就得了。其实，真正的道歉不只是认个错，它应该是发自内心地饱含歉意，是诚心诚意地请求对方原谅。

那么真诚的道歉应该怎样进行呢？以下是几点建议：

1.尽量当面道歉。当面道歉能彰显道歉者的诚意。

2.如果你觉得道歉的话说不出口，可用别的方式代替。有时候，道歉者害怕对方不给面子、自己会当面碰钉子，或者实在无法当着对方的面说赔礼道歉的话。这种情况多半发生在夫妻之间，特别是在吵架之后。这时候，你可以采取如下的办法：

买一束鲜花送给对方；把一件对方喜爱的小礼物放在餐桌旁或枕头底下；或趁对方不戒备时悄悄地拉紧对方的手，这种用肢体语言表达歉意的方式，经常会起到意想不到的效果。

3.切记道歉并非耻辱，而是真挚和诚恳的表现。伟人也有道歉时，丘吉尔起初对杜鲁门的印象很差，但后来他告诉杜鲁门以前低估了他——这句话是以道歉方式送出的赞誉。

4.除非道歉时真有悔意，否则对方不会释然于怀，道歉一定要发自内心。

5.道歉要堂堂正正，不必奴颜婢膝。你想把错误纠正，这是值得尊敬的事。

6.应该道歉的时候就马上道歉，越耽搁就越难启齿，有时会追悔莫及。要抓住时机，不要放过机会。

7.你如果没有错，就不要为了息事宁人而认错，要分辨清楚深感遗憾和必须道歉两者之间区别。

每个人都生活在一定的关系中，谁也避免不了在与人交往时会伤害别人或者被别人伤害。做错了事说声“对不起”是一种符合社会行为、体现人的素质、增进人际交流必不可少的行为标准之一。尽管大多数伤害是无意的，但学会道歉和学会接受道歉是打开和谐关系大门的最有效的钥匙。

## 职场中的异性效应

现实生活中，我们发现一个奇怪的现象：男服务员在接待女顾客时往往比接待男顾客更加热情。一个全部由男性组成的团队如果突然有一个女性加入，会立即活跃起来。其实，这就异性效应的作用，人们常调侃的“男女搭配，干活不累”其实也是这个道理。

其实，这异性相吸的道理和物理学中磁场会产生同极相斥、异极相吸的作用十分类似。以下的这个例子就是对异性效应最好的说明。

杨晓芸是一家中型贸易公司的公关部经理。而实际上，她来公司的时间还不到半年。刚开始，她也是从公关部职员做起，但在几次拯救公司的行动中，她力挽狂澜，似乎只要她出马就没有解决不了的问题。

一次，公司仓库突然失火，烧掉了很多原材料。从哪里找原材料呢？工作人员绞尽脑汁也未解决问题。而杨晓芸外出联系，没多长时间，问题就得以妥善解决。

再有一次，公司的资金周转出现了困难，急需一笔贷款，老板急得如热锅上的蚂蚁团团转。杨晓芸再次出面，在银行之间周旋，最后为公司争取到了上百万元的贷款。

因为业绩突出，杨晓芸备受领导器重，工资和奖金连连升级。

很多女同事不明白为什么杨晓芸能如此成功，讨教之后，她们才得知其成功在很大程度上得益于她头脑清醒，思路敏捷，具有丰富的知识与阅历，待人接物有方，当然，还有她端庄的容貌和娴雅的仪表。

不得不说，杨晓芸的成功，还得益于她懂得异性相吸的道理。在现实生活中，也许我们每个人都有过这样的亲身体验，我们和异性在一起工作时，往往更加轻松愉快。这绝对不是因为我们都是好色之徒，这里边多少包含着心理学方面的道理。

的确，在一个只有男性或女性的工作环境里，不管条件多优越，不论男女，都容易疲劳，工作效率也不高。异性效应是一种普遍存在的心理现象，具体表现为，有两性共同参加的活动，较之只有同性参加的活动，参加者一般会感到更愉快，干得也更起劲、更出色。这是因为，当有异性参加活动时，异性间心理接近的需要得到了满足，因而会使人获得不同程度的愉悦感，并激发起内在的积极性和创造力。男性和女性一起做事、处理问题都会显得比较顺利。

那么，为什么会产生异性相吸的现象呢？在社会生活中，由于对异性欲求与尊重欲求的本能需要，在与异性接触时，个体会下意识地“表现良好”以取悦对方。这样一来，双方更易产生热情、友好的情感。此时的情感是内心体验的一面镜子，谁都愿意在异性面前展现一个美好的形象。这就不知不觉地提高了相互行为的互补性、约束性、激励性，还能给人带来愉悦的情感。与此同时，愉悦的情感还有助于活跃思维、增强记忆，使人奋发向上，人处于满怀激情的状态中时，会迸发更大力量，产生非凡的能力。

可见，在工作中，由于在精神上互悦、智力上互偿、气质上互补、事业上互助，异性效应往往能让员工事半功倍，感觉生活轻松愉快。

因此，我们不难发现，很多管理人员在为员工安排工作的时候，都会遵循这一原则，从而让他们收获最高的工作效率。

当然，男女有别，即使是同事，每天在一起相处，也要保持一个度，不可太亲密，否则就有轻佻之嫌，还易于造成一些不必要的误会。毕竟，某些亲密的工作和话题只能用在亲密的人或同性人之间，因此，别随便与异性开一些过分的玩笑。

不过，在男女之间交往时我们也不宜太严肃冷淡，理智从事和善于把握自己的感情固然必要，可是，若太冷淡严肃，就会伤害对方的自尊心，也会让人感觉你高傲无礼，乃至对你敬而远之。这对于完成一致的目标和任务是会起到阻碍作用的。

“男女搭配，干活不累”，异性相吸定律对个人和组织的启示不言而喻。但是，只有健康的才是有效的。在与异性的合作中，要把握好分寸和原则，使异性交往成为我们工作中的好调料。

## 养宠物可以愉悦生活

生活中，我们经常看到这样的场景：清晨或傍晚，在公园或者马路上，一个人牵着一条狗悠闲地散着步……不得不说，现代社会，养宠物的人越来越多，不仅老人养宠物，年轻人也养宠物，并且，人们所养宠物的种类也越来越多。有人养猫，有人养狗，有人养鸟，甚至有些人养蛇、蜥蜴……人们为什么越来越热衷于养宠物呢？

关于为什么养宠物，最通常的说法是“做伴”。在国外有研究证实：饲养宠物陪伴其日常生活的孤寡老人的身体状况较为良好，寿命也得到延长。而在我国，父母动作繁忙、无法经常陪伴孩子的家庭也会考虑饲养宠物给孩子做伴，这也是人们养宠物的一个原因。

毋庸置疑，人们养宠物的过程，其实也是满足自己心理需求的过程。比如，很多人都有这样的一个阶段，他把宠物看成自己，而他自己充当一个照料者，其实，他怎么照料宠物的，就是他内心所渴望的别人怎么照顾他的。这往往是源自童年时期的一个未了愿望，比如，以前家庭子女比较多，父母能够给到每个孩子的关注并不多，但孩子本身是需要被关注的，在她的心里有一个理想妈妈的原型，当她有机会时，她会充当这个理想妈妈去照料宠物，这就是一种补偿。表达压抑性的情感，是养宠物人士的另一种心理需求。人都有多面性，个体所表现出来的不一定是最真实的一面。这个时候就产生一种压抑。压抑需要排解，养可以表达自己内心欲望的宠物，也是一种排解。所以我们也会看到一个斯斯文文的女孩养一条凶猛的大狗这种现象。

当然，养不同宠物的人的心理也是不同的。

鱼类是很多人选择饲养的一种宠物。鱼与其他动物的生存环境不同，鱼缸有多大，鱼的世界就有多大。喜欢养鱼的人，不难发现他们更向往自由自在的生活，崇尚大自然，拒绝受到束缚，需要极广阔的自由空间。

鸟是另一种人气很高的宠物。由于它的羽毛华丽，体姿优美，鸣声悠扬动听，历来被人们钟情并宠爱。养鸟的人，基本都有双重性格，一面渴望飞翔、渴望自由，另一面则害怕失去现实的生活。所以和他们打交道时要特别注意，千万不要被他们的双重性格弄得一头雾水。而且，通常而言，养鸟的人较为孤僻，不善于交际。

养另类宠物往往代表自己的一种愿望，这种愿望是独特的、引人注目的，但很多时候，那种独特感、优越感，恰恰反映出饲主内心的懦弱与无助。比如，喜欢喂养蜥蜴的人，智商往往较高，但情商偏低。所以，通常这类人比较敏感警觉，他们不善于与别人交往，对别人的议论也会抱有不在乎的态度，而且他们没有太多的知心朋友。

从心理学上说，养宠物有着诸多的积极意义。不仅可以驱散我们的孤独、培养我们的爱心，也可以修复一些我们过去的伤痕、满足我们自我表达的需求。但是，如果过度关注于宠物，可能并不利于我们的心理健康，需要我们及时进行自我调节或寻求专业帮助。

养宠物是一个不错的选择，但一定不要把生活的重心全部放在宠物上，要发掘更多积极的兴趣爱好，要发现世界的精彩，并不是只有宠物才可以愉悦生活。

# 第 02 章

# 人格心理学：认识自己发现真实的自己

人格，不仅包括性格，还包括信念、自我观念等。每个人都有其独特性，即便是同一情况下，也可能有不同反应。通过人格心理学，人们可以更好地了解自己的优缺点，从而懂得扬长避短、成就自我。

## 剖析内心，拥有自我认知的能力

朗费罗说：“别人借我们过去所做的事来判断我们，然而，我们判断自己，是凭将来能做些什么事。”在哈佛大学，心理学教授丹尼尔·吉尔伯特曾见过这样一个姑娘：衣衫不整、蒙头垢面，但长得很美。吉尔伯特教授跟她聊天，她也心不在焉，教授沉默了一会儿，突然问她：“孩子，你难道不知道你是个非常漂亮、非常好的姑娘吗？”“您说什么？”姑娘惊喜地问，美丽的大眼睛里泛着泪光。原来，在日常生活中，她所面对的总是同学的嘲笑、母亲的谩骂，以至于她失去了自我认知的能力。子曰：“不患人之不知己，而患人之不己知。”对于每一个人来说，最可怕的事情就是不够了解自己，不能清楚地认知自己。因此，我们要善于剖析内心，让自己拥有自我认知的能力。

一个人名声的好坏、能力的高低，是别人根据事物的表面下的定义，根本就不是这个人的本质。自己真正的能力，只有自己心里最清楚。而我们最缺乏的往往就是自我认知的能力。只有清楚地认知了自己，才有可能获得成功的人生。然而，一个人最难认知的就是自己的内心，最难以回答的就是我是谁，我想要的生活是什么。不过，当你清楚地认知了自己，你就能够在这个世界上找到最基本的出发点，就能够去理解他人。

我们需要拥有全面认识自己的能力，全面认识既包括认识优点也包括认识缺点。一旦我们没有真正地认识自我，就很容易产生自负或自卑等心理，最终这些负面的心理会影响到我们一生的发展。而如若能全面地认知自我、一些别人眼中的缺陷也有可能化成你独特的魅力。

索菲亚・罗兰刚刚步入演艺界，就面临了制片商“善意”的建议：“如果你真的想干这一行，就得把鼻子和臀部‘动一动’。”但拥有一定自我认知能力的索菲亚拒绝了，她说：“我懂得我的外形和那些已经成名的女演员不一样，她们都相貌出众五官端正，而我却不是这样，我的脸毛病很多，但这些毛病加在一起反而会更加有魅力。说实在的，我的脸确实与众不同，但是我为什么要和别人一样呢？”后来，她被誉为世界上最具自然美的人。

从认知自己到孕育自己，这是一个美好的人生历程。自我认知是一种严谨的人生态度，它让我们自信而不自满，无论是春风得意还是失败困惑，我们依然保持最平常的心态。拿破仑一生战功赫赫，却在晚年遭遇“滑铁卢”的惨败，此时他依然贪恋富贵，企图复辟王朝，最终在绝望中死去。清楚地认知自己，需要我们摆脱对于外物的贪恋，绝不做金钱或权利的奴隶。

认知自我是一种胜不骄败不馁的从容，需要冷静的思考，这样才有机会赢得最后的成功；认知自我是一种高度自立的洒脱的生活方式，看清生命的本真，创造出属于自己的人生价值；认知自我是一种高度责任心的反省，它助我们将勇气与真诚注入自己的言行中，认清前面的方向。所以，我们要勤于剖析内心，在忙碌之后不忘与自己作一次深入的交谈，逐步提高自我认知的能力。

## 认同自己，发现全新的自己

世界上没有两个完全相同的人，每个人都是独立的个体，都有许多与众不同的甚至优于别人的地方，这是每一个人值得骄傲的地方。我们没有理由总是欣赏别人，而忽略了自己的优点；没有理由一味地比较，而最终丢失了自我。有人说："生活中并不是缺少美，而是缺少发现美的眼睛。"认同自己，学会欣赏自己，你会发现一个全新的自己。

有这样一句话："人活着，或许有不少人值得欣赏，但你最应该欣赏的是你自己。"波尔是丹麦的物理学家，他在年轻时就提出了量子论，然而，在一次科学讨论会上，权威们否定了波尔的理论，这并没有使波尔失去信心，他反而更加努力地研究起来。为了寻找理论根据，他做了大量的实验。后来，科学家们证明了波尔的观点，他因此荣获了诺贝尔奖。正所谓"天生我材必有用"，学会自我欣赏可以产生巨大的力量推动自己走向成功，学会欣赏自己是成功的第一秘诀。

每个人都是独一无二的，没有任何人能够取代我们，也没有任何人能够贬低我们，除非我们首先看轻了自己。其实，我们不必那么在乎别人的看法，学会欣赏自己，或许能够重新找回自信。这个世界上没有两片完全相同的叶子，我们都是最特别的那一个。抛弃对他人的膜拜，以及对自己的叹息，冷静地思考，你会发现自己身上有着许多他人没有的特点，自己也可以和他人一样优秀。

有这样一句经典的话："你在桥上看风景，看风景的人却在楼上看你。"当你在羡慕别人的时候，别人也正在欣赏着你，可谓"风景总是在别处"。人与人之间进行互相比较是不可避免的，但是，我们要知道，自己有缺点但更有优点，因此，在欣赏别人的同时不要忽略了自己。欣赏自己是一种智慧，它会令你浑身上下散发出自信的魅力；欣赏自己是一种心理暗示，你认为自己是什么样的人，你就会真的成为什么样的人。认同自己，学会欣赏自己，活出自己的价值，眺望远处的风景，准确把握自己的坐标，这才是人生的魅力所在！

## 不同的人有不同的气质特征

何谓气质？从心理学上说，气质就是表现在心理活动的强度、速度、灵活性与指向性等方面的一种稳定的心理特征，其主要表现在情绪体验的快慢、强弱上。因此，通过气质，我们能够了解一个人的心理活动。气质与我们常说的“脾气”“性格”“性情”有些相似，不过，在日常交际中，气质更多地表现为人格魅力，如修养、品德、行为举止、待人接物等。不同的人有不同的气质表现，有的人高雅恬静，有的人温文尔雅，有的人豪放大气，有的人不拘小节。

不同的人有不同的气质特征，如果我们能识别其气质特征，再逐一对应，那么，对于建立融洽的关系将很有帮助。对此，心理学家研究了大部分人的气质特征，并将其分为四种：多血质、黏液质、胆汁质、抑郁质。这四种气质特征都有其鲜明的特征，如敏感孤僻的抑郁质，脾气急躁的胆汁质等。在我们与他人接触的过程中，通过观察其言行举止，基本可以判定对方属于何种气质特征。

双方的谈判代表进入了会客室，王总吩咐服务员将沏好的茶端上来。不一会儿，服务员将热腾腾的茶送进来了，不料，正要放在桌上的时候，她一不留神，脚下一滑，身子一斜，热茶倾泻了出来，有几滴滚烫的茶水溅到了坐在桌前的谈判代表张总身上。王总身边的小柯想上前整理，王总却示意他坐着别动，他想看看那位张总到底有什么反应。

出人意料的是，张总只是用桌上的纸巾擦了擦衣服，面对服务员的连连道歉，他面带笑容，好像什么事情都没发生过，反而关切地问道："小姐，你没事吧，下次可要小心了！"服务员点点头。这时，王总才站起身来问道："张总，没什么事吧？"张总回答说："只是小事、小事，我们赶紧进入正题吧。"王总看张总这样的表现，判断出他是情绪丰富的多血质，这样的人善于交际，容易适应环境的变化，做事很灵活，不过，内心比较骄傲。有了这样的认识，王总笑了，他知道下面该如何去应付这位谈判"对手"了。

对服务员无意中犯的错误，张总始终面带微笑，表现得异常平静，而如此的表现正与多血质相对应。没想到，谈判过程中发生的一件小事，却成为了王总了解对手气质特征的突破口。

一般而言，胆汁质的人情绪比较强烈，多血质的人情绪丰富，黏液质的人情绪贫乏，抑郁质的人多愁善感。这四种人在遇到相同的事情时会如何表现呢？对此，苏联心理学家进行了研究，以"看戏迟到"为特定情境，发现这四种人都有不同的行为表现：胆汁质的人很生气，与检票员争吵了起来，甚至想推开检票员，冲过检票口，直接跑到自己的座位上，他们一边吵架一边埋怨戏院的钟走得太快；多血质的人看到检票员不让进去，就悄悄地跑到楼上，自己寻找了一个位置来看戏剧表演；

黏液质的人心想，反正第一场不怎么好看，还是先到外面待一会儿，等休息的时候再进去；抑郁质的人对此闷闷不乐，没想到头一次来看戏就这样倒霉，垂头丧气的他干脆回家了。

其实，关于自身的气质，在这四种气质特征的人身上都是有迹可循、有特征供识别的。下面，我们就简单地介绍一下这四种常见的气质特征，希望你借鉴一二，以此识别不同气质特征的对手。

1.多血质

这类人情感与行为来得比较快，去得也比较快，个性温和，感性大于理性，善于交际，很容易适应新的环境。其语言表达很有感染力，姿态多样，面部表情丰富，个性比较外向。聪明机智，思维灵活，不过，对于某些事情，他们不愿意问个清楚、明白；而且，其注意力与兴趣很容易转移，不稳定，做事缺乏毅力。

2.胆汁质

这类人有着较强的反应能力，且反应速度很快。他们在情感与行为上若是有强烈的体验，则会表现得异常明显。性格开朗、乐观，待人热情，为人直率，不过，脾气比较暴躁，喜争强好胜，容易意气用事，在冲动之下往往作出一些错误的决定。他们有着较强的精力，往往以最大的热情与精力投入到工作中，不过，在工作中偶尔会缺乏耐心。思维多灵活，不过，理解问题多是粗粗略过，不够细。

3.抑郁质

这类人情感与行为反应缓慢，感性大于理性。多愁善感，感情内敛而不外露。喜欢想象，机智聪明，有着敏锐的观察力，能够察觉到别人未能发现的东西。意志力薄弱，胆小怕事，做事优柔寡断，在失败后往往心神难安。对人际交往比较冷漠，个性孤僻。

4.黏液质

这类人情感与行为反应迟钝，缺乏应有的灵活性。情绪稳定，没有太大的波动，即使心中有情绪，他们也不轻易外露，即使遇到了难过的事情，他们也不动声色，总是一个人默默承受。其注意力与兴趣比较稳定，难以转移。喜欢思考，有较强的自制力，能够控制自己。平时沉默寡言，办事谨慎细微，不冲动、不鲁莽。不过，适应能力较差，常常活在自己狭小的空间里。

## 心理不设限，释放真实的自己

每个人都可以成为展翅翱翔的雄鹰，重要的是，你不要给自己设限。现实生活中，我们常常会模糊自己真实的内心，习惯于在心理给自己设限，因此产生一种挫败感，最后导致我们还没有翱翔于蓝天就落地了。如果我们习惯了自我设限，那么，我们的心就会失去向上生长的动力，只能在被束缚的范围里挣扎。所以，不管我们遭遇了什么样的挫折，都不要随意地否定自己，否定自己就意味着扼杀自己的潜力和欲望。

台湾著名美学大师蒋勋曾写道："每个人完成自我，才是心灵的自由状态；每一个人按照自己想要的样子完成自己，那就是美，完全不必有相对性。天地之下可以无所不美，因为每个人都可以发现自己存在的特殊性。大自然中，从来不会有一朵花去模仿另一朵花；每一朵花对自己存在的状态都非常有自信。"即使遭遇了疾病的折磨，富兰克林·罗斯福也没有给自己心理设限，反而鼓起勇气来直面自己，挑战命运，完全地接纳了自己。其实，无论是身体的缺陷还是生活中的困难与挫折，这都不是心理设限的借口，更不是自暴自弃的理由。我们要敢于突破内心的束缚，释放自己最真实的内心。

许多人在面对挫折与困难的时候，心底都会传出这样的声音：我做不到的。他们束缚了自己的内心，最终，他们真的没有做到。齐克果曾经说："一旦一个人自我设限，并且一直认定自己就是个什么样的人，他就是在否定自己，他甚至不会自我挑战，只想任由自己一直如此下去，而这终将导致自我毁灭。"其实，"我做不到"是一种逃避的心态，在还没有开始之前，人们就先被自己的心态打倒了。如果我们在人生中始终保持这样的逃避心态，那么，将会为自己留下许多难以弥补的遗憾。因此，我们应该突破内心的束缚，当心开始恐惧的时候，我们应该大声对自己说："我一定能做到的。"不断地暗示自己，释放出真实的内心，以此获得最后的成功。

有人这样种南瓜：当南瓜只有拇指大的时候，就把它装在罐子里，一旦它渐渐长大，就把会罐子内的空间占满，等到没有多余的空间了，南瓜便会停止成长，从此，南瓜就一直维持着在罐子里的那种形状了。我们的心就如同南瓜一样，当它习惯了自我设限，一直处在被束缚的范围里，就不能自由生长，它会逐渐失去向上生长的动力，只能在原地徘徊。其实，束缚是源于内心的不确定或者不自信，当我们能够坚定地告诉自己"我一定能行"，从内心深处建立起强大的自信，这种不确定或者不自信的束缚将会消失，从而释放出真实的自我。所以，在人生前进的路上，不要忘记告诉自己"我一定能行的"！

## 巴纳姆效应，清醒认识自己

肖曼·巴纳姆是一位著名的魔术师，他曾经这样评价自己的表演："我的节目之所以受欢迎，是因为节目里包含了每个人都喜欢的成分，所以，每一分钟都会有人上当受骗。"事实上，在现实生活中，我们既不能时刻来反省自己、看清自己，也不能把自己放在局外人的位置来观察自己；在大多数的时候，我们只能借助外界的一些信息来认识自己。所以，我们在认识自己时很容易受到外界信息的暗示，迷失在环境中，并习惯性地把他人的言行作为自己行动的参照。早在两千多年以前，古希腊人就把"认识你自己"刻在了阿波罗神庙的门柱上，但是，直到今天，我们仍只能遗憾地说，我们距"认识自己"还有一段遥远的距离，究其根本，是因为心理学上的"巴纳姆效应"。

巴纳姆效应是心理学家伯特伦·福勒在1948年通过实验证明的一种心理学现象：每个人都会很容易相信一个笼统、一般性的人格描述特别适合自己。因此，要想避免巴纳姆效应，我们就应该客观真实地认识自己。哈佛大学一向崇尚自由，它让每一位学生都尽可能地认识到自己的全部优点与缺点，对于哈佛大学来说，学生调整院系并不是什么新鲜事。当然，认识自我是一个严肃而又漫长的过程，在大多数情况下，我们每个人对自己都没有足够而清醒的认识。

当一个人的情绪处于低落、失意的时候，会失去对生活的控制感，由此，他内心的安全感也会受到影响。这样一个缺乏安全感的人，其心理的依赖性将大大增强，比较容易受他人言行的信息暗示。所以，当对方说出一段无关痛痒的话时，他很容易“对号入座”。其实，这就是一种心理倾向。在日常生活中，巴纳姆效应将使我们难以对自己作出准确的判断。

我们应该学会接受自己，不要因为自己有“缺陷”或者自己认为那是缺陷，就通过自己的方法将缺陷掩盖起来，这样的掩盖方式是极其愚蠢的。试想，当你把自己的眼睛蒙上时，你就真的掩盖了自己的缺陷了吗？因此，无论是自身的缺陷还是优点，我们都应该正确看待，因为接受自己是认识自己的必经之路。

# 第 03 章

# 得失心理学：让你与心灵更好地相处

人生无非就是在得与失之间徘徊，若失去就痛苦不甘，那么得到时也未必会觉得如愿以偿。人生的快乐在于心态，幸福也不关乎拥有的多少。做人常常需要舍弃一些东西，吃亏是福，好运往往是意外的惊喜。

## 退一步，用高远的眼光看人和事

生命这一叶扁舟，载不动太多的物欲和虚荣，如果不想生命之舟搁浅或沉没，我们就要学会退一步，用高远的眼光看清人与事。在印度热带丛林中，当地居民是这样捕捉猴子的：在一个固定的小木盒子里面装上坚果，再把盒子打开一个小口，刚好够猴子的前爪伸进去。猴子为了取得盒子里的食物，会抓住坚果，但这样爪子就抽不出来了。人们用这样的方式来捕捉猴子，几乎每一次都能获得成功，因为猴子有个习性，那就是不肯放下已经到手的东西。也许，看了这个故事，我们会嘲笑猴子的愚笨，但是，事实上，生活中的我们有时候也跟猴子一样，总是不肯退步、担心失去，所以，最终承受了那些本不该承受的痛苦。

史学家范晔说：“天下皆知取之为取，而莫知与之为取。”得与失是互相转化的结果，这句话似乎道出了所有的哲理。那些懂得其中玄机的人，善于掌握得失的主动权，他们会坦然地退一步，用长远的眼光看清自己的所得所失，因此，他们更容易获得自己想要的东西。这时候，退一步并不是放弃，而是一种新的获得。生命只有两种状态，运动和停止，只会向前猛冲，而不懂得退步或减速的人，在人生的某个弯道处，一定会冲出跑道，定会失去更多。

智者说：当我们无法前进的时候，退一步也是一种智慧。这与哈佛所崇尚的“人生不仅需要运动，还需要停止”是相通的。在通往成功的路上，若是不顾一切、头破血流地一意孤行，最后我们可能什么都不能得到；但是，如果我们能够停下来，或者退后一步，我们会看清前方的景色，这样我们更容易获得最后的成功。

退一步，并不是懦弱的表现，而是一种智慧的策略。有时候，看似退了一步，实则向前进了一步，这才是得与失最智慧的所在。当我们向后退了一步，我们才会重新看清一些东西，或许，你会注意到，有的人因负荷太重而步履维艰，有的人因欲壑难填而疲于奔命，有的人因深陷其中而难以自拔。如果你想踏上轻松的人生之旅，那么，请学会退一步，或者停下来欣赏路边的风景，这样你才能更有力量走完后面的路程。

## 学会放下，生活会很容易

我们常说：“拿得起，放得下。”其实，所谓“拿得起”，指的是人在踌躇满志时的心态，“放得下”，则是指人在遭受挫折或者遇到困难时应采取的态度。范仲淹说“不以物喜，不以己悲”，有了这样一种心境，就能将大悲大喜、厚名重利看得很小、很轻，自然也就容易“放得下”了。

法国哲学家、思想家蒙田说过：“今天的放弃，正是为了明天的得到。”在这个世界上，为什么有的人活得轻松，而有的人活得沉重？前者是拿得起，放得下；而后者是拿得起，却放不下，所以沉重。所以，人生最大的包袱不是拿不起来，而是放不下。因此，有人说：人生最大的智慧就是拿得起，放得下。只有这样，你才活得轻松而幸福。

人生的烦恼来自于非分的欲望，种种诱惑使你心中的明月蒙尘。修养心灵不是一件容易的事，要用一生去琢磨。“放下”，这是非常不容易做到的，有了功名，就对功名放不下；有了金钱，就对金钱放不下；有了爱情，就对爱情放不下；有了事业，就对事业放不下。我们肩上的重担、心上的压力，使我们生活得非常艰难。

成功并不总是青睐那些死守一个真理的执着者，相校之下，成功更偏爱那些懂得适时放弃的聪明人。要想达到自己的目标，我们固然要“拿得起”；但与此同时，当我们发现“此路不通”时，也要学会及时地放下。片面地偏向任何一点，生命的天平都有可能发生难以控制的偏斜，到时再来补救就来不及了。李嘉诚有一次在长江集团周年晚宴上说：“好的时候不要看得太好，坏的时候不要看得太坏。”这句话是李嘉诚人生修炼最高境界的体现，也就是“拿得起，放得下”。歌德说：“一个人不能永远做一个英雄或胜者，但一个人能够永远做一个人。”这里，“做一个英雄或胜者”指的便是“拿得起”的状态；而“做一个人”便是“放得下”的状态。

如果你能够领悟“放下”的道理，你将会有一种如释重负的感觉。因为，只有懂得放下，才能掌握当下。放下就是快乐。只要你心无挂碍，什么都看得开、放得下，何愁没有快乐的春莺在啼鸣，何愁没有快乐的泉溪在歌唱，何愁没有快乐的白云在飘荡，何愁没有快乐的鲜花在绽放！

许多事情，总是在经历过以后才会懂得。一如感情，痛过了，才会懂得如何保护自己；傻过了，才会懂得适时地坚持与放弃。在得到与失去中，我们慢慢地认识自己。其实，生活并不需要这些无谓的执着，没有什么真的不能割舍。学会放下，生活会很容易。

## 在得与失之间保持平衡

人生短暂，与浩瀚的历史长河相比，世间一切恩恩怨怨、功名利禄皆为短暂的一瞬。“福兮祸所伏，祸兮福所倚。”得意与失意，在人的一生中只是短短的一瞬。普希金在一首诗中写道：“一切都是暂时的，一切都会消逝；让失去的变为可爱。”有时，失去不一定是忧伤，反而会成为一种美丽；失去不一定是损失，反倒是一种收获。只要我们抱着积极乐观的心态，失去也会变得可爱。

能否舍弃人生路上必须舍弃的东西，这或许是衡量一个人是否成熟、是否具有智慧的一个重要标准。因为，只有当一个人能够冷静而准确地认识自己、认识环境，能够理性、客观地规划自己的理想与生活的时候，他才敢舍弃，他才能够舍弃。舍弃是大自然的规律，舍弃是生存的一种方式，舍弃是理智者的行为。

生活在尘世中的人们，有一个可怕的心理，就是“终朝只恨聚无多”，干什么都想赢，舍弃谈何容易？纵观社会，横看人生，有撑死的，也有饿死的，有穷死的，也有富死的，有风光死的，也有窝囊死的，有因祸得福的，也有因福得祸的，如此等等，不一而足。何时该获得，何时该舍弃，真是很难选择，天下没有放之四海而皆准的真理，只有根据此时、此地、此情、此景去综合地考虑。但是人们考虑获得和舍弃的时候大都有一个误区——不能用辩证的哲学的观点来权衡获得和舍弃的利弊得失。

放弃是一种睿智，它可以放飞心灵，可以还原本性，使你真实地享受人生；放弃是一种选择，没有明智的放弃就没有辉煌的选择。进退从容，积极乐观，必然会迎来光辉的未来。放弃决不是毫无主见、随波逐流，更不是知难而退，而是一种寻求主动、积极进取的人生态度。我们即使不惜一切求取成功，失败也是不可避免的。如果我们做得优雅，保持平衡，我们就可以在经验中成长。就像松开一个握紧的拳头，我们会感到自在而有活力。

我们的现实生活中，需要有一种舍弃的智慧。当你与人发生矛盾或冲突时，只要不是什么原则问题，你完全可以舍弃争强好胜的心理，甚至甘拜下风，以避免两败俱伤；当你在生活中与人发生摩擦时，舍弃争执，保持缄默，往往可以唤起对方的恻隐之心，换取和谐相处。

放弃，是一种豁达，它不盲目，不狭隘。放弃，对心境是一种放松，对心灵是一种滋润，它驱散了乌云，它清扫了心房。有了它，人生才能有爽朗坦然的心境；有了它，生活才会阳光灿烂。善于放弃是一种境界，是历尽跌宕起伏后对世俗的一种不屑，是饱经人间沧桑之后对财富的一种感悟，是运筹帷幄、充满自信的一种流露。只有在了如指掌之后，才会懂得放弃并善于放弃；只有在懂得并善于放弃之后，才会获得大成功。因此，我们在争取拥有的同时，也要懂得学会放弃，遇事不妨退一步，不必斤斤计较。

## 只有懂得取舍，才能更好地拥有

人生在世，每个人都要面临很多选择。很多时候，难的不是绝处逢生，因为绝处逢生是只有一条路，必须往前走；人生难的是，当你有很多选择的时候，该如何取舍。

懂得取舍，才没有遗憾。如何取舍，才能让内心得到满足，才能最大程度感受到幸福？很多人，一生犹犹豫豫，把选择权交给父母、交给恋人，甚至交给宿命，于是迷迷糊糊走上一条他人指定的人生轨迹，直到失去改变生活的梦想和勇气，才恍然大悟，一切都已经来不及，唯有遗憾。只有把取舍的权利留给自己，让自己去思考去抉择，才能做到无论结果如何都可以勇敢地去负责。

青春本就短暂，刹那芳华，取孰舍孰？如果不懂取舍，胡乱迈出一步，也许将来就要后悔。人一定要懂得取舍，让自己不留遗憾。

我们都知道“鱼和熊掌不可兼得”的道理，可是当事情来临时，又总是会两边都不愿舍弃，这时我们往往会忘记“贪心不足蛇吞象”的典故。而真正聪明的人，淡泊以明志，宁静以致远，从来不贪心地企图占据全部的好事。在幸福满怀的时候，要懂得分享一些给予他人，只用全部的精力去牢牢抓住对自己而言最重要的东西。从现在开始，让我们学会做个聪明人，把握良好心态，在我们的温馨世界里，把爱分给大家，把美好撒播出去，也许，对你而言不重要的东西却是他人生命里的美丽水晶球。

聪明的人，要懂得沉静，沉静下来，叩问自己的内心，自己需要的到底是什么样的生活，究竟什么是自己最大的追求、最不可缺失的梦想？想清楚了，就勇敢地去做，勇敢地去舍弃绊脚石，勇敢地去选择真正属于自己的未来与人生。调整自己的心态，摆正自己的位置，舍旁枝，取主干，只有这样，才能不留遗憾。人生的道路不长不短，请牢记这一点——无论是感情，还是事业，取舍都是必然，哪怕当下的诱惑是多么难以舍弃，哪怕心里对那份感情有多少伤痛，用我们善良的心去宽恕他人，用聪颖的心告诫自己，用温柔的心来抚平心里的痛。时时提醒自己懂得取舍，才能拥有最坦然美满的幸福。

也许前路坎坷，也许你选择了之后，会有比原先艰难许多的波折，这些波折甚至让你后悔作了这个决定，甚至让你怀疑自己是不是选错了。这个时候，请相信自己，当你考虑清楚并痛下决心的那一刻，必然是已经预料到了未来的艰险，并愿意为之付出、为之努力。

什么样的取舍决定什么样的生活。人生只有三天，昨天、今天、明天。今天的取舍决定明日的生活。每个人的时间和精力都有限，我们必须作出一些取舍。在丰富多彩的社会上，只有懂得取舍，才能更好地拥有。人生无时无刻不面临着取舍，有时无关紧要，有时事关重大，有时面临生死。懂得取舍，是如此重要，取舍的正确与否，有时关系到事业成败、家庭和谐，甚至个人的身心健康。

人要懂得取舍，因为选择的机会随时会出现，大到求学、就业、谈婚论嫁，小到一日三餐。常听到有人说：“哎呀，我们老得太快，如果当初有现在的觉悟和聪慧该多好多好。”人生既漫长又短暂，能够决定一生命运的，只在那几步。当我们年轻时，当我们不懂取舍时，我们总是面临抉择；而当我们满腹经纶、有能力选择的时候，往往已经没有多少选择的机会了，这是人生的悲哀。所以一定要早早地学会如何取舍如何选择，让自己的遗憾少一点，让自己的人生多一分如意。

# 人生应有所坚持有所放弃

现代社会的生存压力之下，竞争日趋激烈，人们执着于对名利的追求而不能自拔。却很少有人想过：人生是为了什么？我们要活得开心，最关键的要素是什么呢？聪明如你，一定知道该执着时要执着、该放弃时要放弃的道理。只有放弃了苦恼，才能与快乐同行。生活中，有时不好的境遇会不期而至，搅乱我们的生活，让我们猝不及防，这时我们更要学会放弃，不要以为所有的执着都是美德，有时候，执着只是一种固执，只是当局者迷，发现不了。

放弃是另一种选择，是一种大智慧，更是一种勇气。盲目的执着，只是愚公移山，即便最后移动了，也不知枉费了多少气力，有这样的功夫，早早放手，转移方向，获取的成功也许远非一座“山”。执着有时只是一种自欺欺人的固执。就好比失业者不肯放弃僵化的择业观念，整日萎靡不振、怨天尤人；好比失恋之人不肯放弃已经逝去的那段感情，把自己弄得丧魂落魄、心灰意冷；好比赌徒不肯放弃“可能会赢”的侥幸心理，以至于血本无归、倾家荡产……凡此种种，都表明执着有时是多么不可取。

摒弃多余的东西，不要让昨天的错误成为今天惩罚自己的刽子手。一味执着，不肯放手，只会占用大量的时间和精力，而让很多真正该做的事情没有做，让真正的梦想失去实现的机会。人生如戏，戏如人生，执着于一段撕心裂肺的恋情，执着于一份未能得到的工作，执着于一个已经犯下的错误，执着于一件未能完成的事情。这么多执着，有多少意义，能弥补什么？执着于这些或他人或自己的过失，带给我们的能是什么？除了茫然伤神，除了失意黯然，还有什么？有多少年轻的人，在这种执着之中，让青春白白流逝，让时光匆匆溜走。当执着成为一种固执，它就不再是“执子之手，与子携老”的感动，而是一种自怨自艾、冥顽不灵。

不固执，在该放弃时勇敢放弃，是明智之举，是顿悟之果；而主动地去放弃，更是一种坦荡的心境与博大的胸襟。不固执，对感性的人而言，更是一种勇气和魄力。诚然，永不言弃通常是人们嘉奖的精神，但有时舍弃是为了更好的明天。在充满种种诱惑的今时今日，我们要学会舍弃，更要善于舍弃。聪明的舍弃会使我们离成功更近，而愚蠢的固执则会让我们在错误的路上越走越远。因此，该舍弃时就舍弃，为了一棵小树而放弃一片森林，这不是执着，而是固执。适时放弃，有所坚持有所放弃，只有这样，我们的内心才能更平衡，不盲目固执，也许才是人生的捷径。

## 放下负重，轻松前行

对于所有的人而言，在来到人世间的时候，都是赤裸裸的，所有的东西处于“零”的状态。随着不断地成长，我们渐渐地有了很多需求，诸如亲情、友情、爱情等。只有拥有了这些东西，我们的人生才会变得更加丰富、更加精彩，生命才会因此而变得愈发健康和充实。

人生就像一个天平，只有保持平衡，才能更加平稳。这就要求我们必须学会接纳和承受。而很多时候，人们往往因为太执着，背负着太多的思想包袱，以至于总是放不下。要想使自己变得轻松愉快、自由自在，就要尽量放轻松些，不要被沉重的思想包袱压得气喘吁吁。只有放下那些包袱、烦恼、不愉快的往事，才能快乐地、轻松地享受生活，体会到人生真正的幸福。

人不能活在未来，因为未来是未知的，难以预测；人也不能活在过去，因为过去已经成为了历史，一去不返，无法改变；人唯一能够真切把握的就是今天，所以我们要活在当下。很多时候，人们无限憧憬美好的未来，把一切希望都寄托在虚无缥缈的未来上，因此浑浑噩噩地生活；很多时候，人们因为过去所犯的错误久久不能释怀，甚至因此而惩罚自己。其实，这两种做法都是不正确的，正确的做法是把握好今天、活在当下。假如一味地沉湎于过去的往事，特别是那些不愉快的经历，不仅会破坏你的好心情，还会损害你的身心的健康。假如一味地沉湎于过去的光荣事迹，就会使你不停地抱怨现状。俗话说，好汉不提当年勇，这个道理正是告诉人们要在今天再接再厉，努力地生活。

一个年轻人走在路上时，遇到了一位年长者，年长者眼泪婆娑。年轻人感到很好奇，便上前去问："老人家，您为什么会这么悲伤啊？"

老人抬了抬头，然后诉苦道："我真是命苦啊！少年时，我听说国王喜欢与武者为友，于是我拜了一位武者为师，可是当我学成之后，这个皇帝已经驾崩了。后来，我又听说新皇帝喜欢与文人交往，于是，我又拜了个秀才为师，然而，待我学成后，皇帝又喜欢与少者为友，而我已两鬓斑白。就这样，我最后一事无成。现在我走在街上，忽然想起了这些经历，所以才在此痛哭啊！"

这位老者文武俱通，不可不谓是个人才，但他不懂得放下，因此到最后一事无成。事实上，人的生命毕竟是有限的，有时候，我们对于某些目标的成功也只是幻想，是不可能实现的。如果你把你毕生的时间都花在坚持那些无谓的执念上，那么，当你年迈之时，只能悔之晚矣；只有学会放下那些执念，你才可能充实自我，迎来新的人生。

古人云：无欲则刚。真正地放下，才是一种大智慧、一种境界。因为不属于我们的东西实在太多了，只有学会放弃，才能给心灵一个松绑的机会。表明上看，放下了就意味着失去，所以是痛苦的，然而，如果你什么都想要、什么都不想放下，那么，最终你什么都得不到。人生苦短，无非几十年，有所得也就必有所失。只有学会放弃，我们才会拥有一份成熟，才会活得坦然、充实和轻松。

有研究表明：那些总是沉湎于过去，特别是对自己以前的遭遇忿忿不平或者是懊悔自己曾经失去的机会的人，其健康状况远远不如普通人，他们对疼痛更加敏感，而且更容易生病。看到这里，也许有人会认为自己应该着眼于未来。研究人员同样证实，过于关注未来发展，尽管不会损害人们的健康，但是会阻碍人们享受自己当下所拥有的一切。只有那些努力享受当下、从过去的经历中汲取经验并且合理地规划未来的人，才是最健康、最快乐的人。实际上，过于纠结于过去的往事，会使人们的心灵背负沉重的包袱，无法得到放松。

安东尼·罗宾在演讲的时候，总要对年轻人说："今天才是我们生活的日子，也是我们在历史上唯一生存的一段时间，所以，所谓'美好的古老时光'指的就是今天。只有今天，才是属于我们的时代。我不曾向你们诉说悲惨的一面，也不曾向你们描绘美好的一面，更不会向你们灌输过度的克服生存危机的乐观思想。我唯一想要告诉你们的是，生活中，每一个人都无法避免变化和挫败。"由此可见，对于任何一个想要克服生存危机、更好地生活的人而言，都必须让生命回到现在。

人生真正的快乐在于放下多少，而不在于拥有多少。只要我们真正放下那些沉重的包袱，就能够自然而然地境由心转，海阔天空。在这个世界上，正是因为沉湎于过去的伤害和问题，人们才难以摆脱愤怒、沮丧、痛苦和绝望的情绪。事实证明，你若总是念念不忘过去的那些事情，那些事情会变得越来越沉重，你的心情也会变得越来越糟糕。只有让过去的成为过去，彻底放下或者忘记，你才能轻松地继续前行。

# 第04章

# 社交心理学：为你的交际赢得主动权

在日常交际中，总存在一些奇妙的心理效应，在无形之间影响着交际的结果。深谙社交心理学，我们就可以灵活地运用心理效应，将其用于生活中社交的方方面面，促进交流的顺畅进行，从而赢得交际的主动权。

## 微笑效应，传递神奇的力量

一个微笑，就是一个和善的信号，可以缩短心灵之间的距离，消除误解、疑虑和不安，使他人有一种被尊重的感觉，满足他人的心理需求。一个售货员的心情很好，于是，她给了顾客一个亲切的微笑，顾客的心情也变好了，回到家，给儿子一个微笑，儿子的心情也变好了，回到学校给所有的同学一个微笑……微笑就这样一直传递下去了。这就是心理学中著名的微笑效应，心理学家通过研究得出了这样一个结论：如果你决定提高自己的社交技巧，决定结婚或者至少跟一个人住在一起，决定追求有意义的目标并且在过程中享受快乐，那么，你的幸福感就能提升10%～15%；如果你能不吝惜自己的微笑，亲和地对待他人，那么，你的幸福感就能提升20%～25%。微笑，能够撩动人心，让人亲近。

其实，对于我们来说，在这个世界上，每一个发自内心的微笑，往往都具有神奇的力量。威尔科克斯说："当生活像一首歌那样轻快流畅时，笑颜常开乃易事。而在一切事都不妙时仍能微笑的人，才活得有价值。"微笑是种子，谁播种微笑，谁就能收获美丽。

奥丽芙在一家公司做销售工作，她也不知道自己单身一人，为什么没有吸引力，就连和邻里间也不相往来。她发现隔壁住进一个寡妇和两个小孩子，生活比较结据。一天晚上，奥丽芙所在的区域停电了，她只好赶紧点亮了蜡烛。没过多久，听到有敲门声，她心想，这么晚了，会是谁呢？带着一丝疑惑，她打开了自家的门，这时，她看到一个小女孩的面孔，原来是隔壁家的女孩。女孩紧张地问道："阿姨，请问你家有蜡烛吗？"听到这里，她心里在盘算着："难道他们家穷到这个地步吗，不会连一根蜡烛都买不起吧？我可不能让他们赖上我。"于是，她面露脸相地吼道："快走，没有！"

她正打算关上门，这时，她忽然看到小女孩露出关爱的微笑说："我就知道您家一定没有！"说完话，小女孩竟然从怀里掏出两根蜡烛递给奥利芙。"我妈妈怕您一个人住又没有蜡烛，所以就让我带两根送给您。"

看着孩子纯真的笑容，奥利芙被感动了，她突然领悟到微笑的力量。从那以后，无论是在工作上还是生活上，她的脸上都会时刻保持着真诚的微笑，当然，她的生活也随之发生了改变。她的业绩越来越好，而同事们也越来越喜欢和她在一起。

在这个故事中，销售员奥利芙的生活环境并不好，业务水平也不高，而她并没有意识到问题在哪里。在与邻居家小女孩的交流中，小女孩真诚的微笑和关切的行动让她认识到自己的问题。当她用微笑去面对他人的时候，她的生活也发生了变化。这个故事在告诉朋友们，人际交往中，微笑的力量很大，善于微笑，可以帮助你赢得更多朋友与财富。

有些人认为，不就是微笑吗，也太简单了。其实，微笑并不是一件可以随便做的事情，一个人想要拥有迷人的笑容，也是要有相应的能力的。人际交往中，如果做得不好，微笑反而会使人觉得不适、觉得虚假。因此，在人际交往中，如果你想要拥有迷人的微笑，就要做到这几点：真诚、适度、合时宜。

虽然每个人都知道真诚的笑容有杀伤力，然而，并不是所有的人都能拥有它。想要拥有真诚的微笑，需要去训练。每天对着镜子去练习，时间长了，你的脸上自然可以形成习惯性的微笑。那么，人际交往中，想要拥有这种微笑，需要掌握哪些技巧？

1.微笑要发自内心，真诚的微笑才能打动人心

一个人只有内心被快乐、感激与幸福包围着，才能流露出自然的微笑。一个人只有内心充满温和、体贴、慈爱等感情，才会通过眼睛表露出来，给人真诚的感觉。因而，对于社交场上的人来讲，你所表达的微笑，应该是发自内心的，你的微笑向对方表达的是：“你喜欢你，我很高兴见到你，你让我开心。”

2.善于微笑，时刻保持微笑，才能让你更生动、更迷人

一个时刻充满微笑的人，会让人觉得他是一个有修养的人。因而，在不同场合、不同的情况下，都要学会微笑，以此来表达你对他人的感情。人际交往中，一个人如果能用微笑来接待对方，既可以反映出他良

好的修养和诚挚的胸怀，还可以帮助他打通沟通局面。

微笑的力量很强大，如果能够拥有它，就犹如掌握了成功社交的强大武器。如果你也想要轻松赢得社交胜利，从现在开始，用微笑来面对你身边的每一个人吧！

## 海格力斯效应，让对方的敌意消失不见

在人际交往中，要尽可能避免海格力斯效应，让彼此之间的敌意消失不见。生活中经常出现在这样的现象：由于误解或嫉妒，两个人有了矛盾，这时候，如果你想报复对方，就会加深对方对你的仇恨，有可能导致的结果就是他会挖空心思加害于你；如果你不肯善罢甘休，他就会更加恶毒地报复你。在这样一个过程中，你心中的敌意越深，对方对你的报复就会越狠毒，最终，直到两败俱伤。这样的现象延伸出来就是“海格力斯效应”，用最简单的话说，“海格力斯效应”就是“以牙还牙，以眼还眼”，或者是“以其人之道还治其人之身”，如果你总是跟我过不去，那么，我就会让你不痛快。

海格力斯效应是一种人际互动，它是一种人际之间或群体之间存在的冤冤相报、致使仇恨越来越深的社会心理效应。在日常交际中，如果我们深陷海格力斯效应，那么，无疑会陷入无休无止的烦恼之中，这样，我们会错过路边许多美丽的风景，失去真正的快乐，人际交往也无法取得较好的效果。

人一旦受到了恶性刺激，心里就会产生不良情绪，而人自身就会陷

入无休无止的烦恼之中。在人际交往中，不管是复仇者还是被报复的人，双方都没有真正的胜利者，因此，我们应该拒绝海格力斯效应的出现，学会宽容、懂得忍耐。以怨报怨是一种社会效用最差的选择，这很容易让我们陷入冤冤相报无了时的泥潭。有时候，忍耐不是退让，而是一种力量，只有忘记仇恨、学会宽容，我们才能与人和睦相处，才能赢得他人的友谊与信任，从而赢得他人的支持与帮助。

## 尊重永远是社交的第一要素

席勒说："不尊重自己尊严的人，他就完全不能尊重别人的尊严。"自尊是每个人必须学会的第一个原则。从小，我们就应该学会"站着"，而不是"趴着"去仰望那些大人物，这样所建立的自信心与健全的人格会为我们的一生打下坚实的基础。一个人的心灵世界，是要靠自尊来支撑的，尊严可以带给人自信，也可以改变一个人的命运，这就是所谓的尊重法则。在哈佛大学里，每个人都是平等的，没有谁能够享受某种特权，因为哈佛人认为，每个人生下来就是平等的，他们都有同样的生存权利。

纽约商人看到一个衣衫褴褛的铅笔推销员，出于内心的怜悯，纽约商人塞给那人一元钱，但是，过了一会儿，纽约商人意识到自己的行为伤害了对方的自尊。于是，纽约商人返回来，从铅笔推销商那里取出几只铅笔，并解释道："不好意思，我忘记取笔了。"然后，他又说道，"你跟我说都是商人，你有东西就要卖给别人。"几个月过去后，纽约商人再次遇到了那位卖笔人，这时，那卖笔人已经成为推销商，他感谢了纽约商人："你重新给了我自尊，告诉了我，我是个商人。"

我们应该记住：在日常交际中，尊重永远是社交的第一要素，在任何时候，面对任何人，我们都要学会尊重。

弗洛姆说："尊重生命、尊重他人也尊重自己的生命，是生命进程中的伴随物，也是心理健康的一个条件。"只有真正学会尊重他人、尊重身边的每一个人，我们才能得到他人的尊重，最终我们才能与他人建立融洽和谐的人际关系。尊重，它如同一把火炬，在心灵与心灵之间传递着信任与爱；尊重，它又如同一把金钥匙，能打开所有上锁的灵魂。

## 禁果效应，唤起对方的逆反心理

禁果效应也叫作“罗密欧与朱丽叶效应”，即指越是禁止的东西，人们越要得到手。这与人们的好奇心与逆反心理有关。

“禁果”一词来源于《圣经》，亚当和夏娃被神秘的智慧树上的禁果所吸引，去偷吃禁果，而被贬到人间。后来人们通常用偷吃“禁果”来比喻少男少女初尝人事。从圣经故事中引申出来的“禁果”，其含义就是指因被禁而更想得到的东西。传播中的“禁果效应”是指，当外界压力迫使人们无法自由获取信息时，人们往往会对被迫疏离和失去的那部分信息有更强的了解欲望，施压者与受传者之间的隔阂因此加大。

我们时常会遇到这样的情况。比如，你刻意想隐瞒的信息，一定瞒不住，因为被隐瞒的东西一定会让大众产生好奇心，这种好奇心一旦产生，就会使大众想方设法地想要知道你隐瞒的是什么。他们会通过自己的手段得到这些被隐瞒的信息，而信息一旦被得到，就会在大众中广泛流传，你想隐瞒的信息最终会一传十，十传百。就像很多明星想隐瞒自己的私人情感，反而招惹来更多的媒体想要揭露，其实，他们还不如把真实的自己摊开来，民众没有了好奇，他们反而能省去很多的麻烦。

在心理学方面，禁果效应就是由无法知晓的事物带来的，由人们对神秘的求知欲产生的。只有无法知晓和神秘的东西对人才有诱惑力，也只有有了诱惑力，才会激发人们的渴望度和诉求度。“吊胃口”和“卖关子”就是我们对于禁果效应最简单的理解。一旦把这种神秘揭开，禁果效应也就失去了存在的空间。只有神秘感存在，禁果效应才存在。如果你是名人且想把自己的隐私保护好，那么，最好的方式不是挖空心思地隐藏或掩饰着这些隐私不告诉你的崇拜者，而是应该让他们知道，你和他们一样，也是普普通通的人，也有七情六欲，只是从事的工作领域不一样，没什么可好奇的，这才是对你隐私的最好的保护。

禁果效应除了表现在大众对名人的隐私的兴趣上，在普通人和普通事物上同样存在，并且随处可见。在教育学生方面，我们提倡的始终是循循善诱，不要硬性禁止，因为，当孩子处在青春期时，你越是禁止他就越是要做，这样的教育悲剧时常发生。禁果效应还在一定程度上帮助了一些人获取利益。比如，常常看到的18岁以下的青少年不能看的电影、不能用的商品、不能进入的场合、不能发生的行为。这些“不能”往往会刺激青少年的好奇心，让他们一定要了解个究竟，乃至因此而令一些不法分子从中获利。

在工作和生活中，很多人都得不到别人的关注，而有一些人就能轻易地得到别人的关注。这其中的奥秘就在于有的人会运用“禁果效应”。在很多时候，我们都不能把自己的优点太暴露在外，要适当地给自己留有余地，这样才能引人注意，让别人觉得你很神秘，有要了解你的欲望，想要和你交往。

在男女朋友的交往中，交往对象彼此间要学会提升自己的神秘感。不要过早地把自己的性格完全展示给对方，如果对方过早地把你了解透彻，往往会对你失去兴趣，以至于使交往失去应有的乐趣。所以，要保持自己的神秘感，总让对方觉得你对于他来讲是新鲜的，还有很多地方是他不了解的，让他想要继续交往下去、继续了解。这样充满新鲜感的恋情才能够持久。

在现代快节奏的生活中，人们往往不会注意到他人，每天都是埋头工作，对很多事情都失去兴趣。所以我们更应该学会运用“禁果效应”。要学会发现新鲜事物，并探究它的原因，多对自己提问题，由此产生研究下去的欲望，时间长了，生活的乐趣自然就出现了。

在一些大的公司或企业，由于工作人员多，工作任务繁重，员工之间往往互不认识，只是认识自己周围的少数人，以致人们的人际圈子越来越小。所以，要想让自己得到更多人的认识、扩大自己的交际圈，就要在适当的场合运用“禁果效应”，吸引更多人的注意。比如，在公司的年会上积极地报名表演节目，把自己的一小部分才华展现给大家；在工作会议上积极发表自己的独到见解；在领导安排工作时，要踊跃地参加到其中……在不同的场合展现自己不同的一面，让自己变成多面体，你自然会受到大家的欢迎。

# 第05章

# 行为心理学：透过行为了解内心动态

人的行为是在其意识指导下的、主动自觉的行为；而人的意识由意向和认知两大因素构成，是两个因素相互作用的结果。这表明，行为与心理有着极为密切的内在联系，心理决定行为，行为影响心理。

## 习惯发牢骚的人爱追求完美

在日常生活中，我们会碰到一些爱唠叨的人，他们经常会抱怨这个没有做好、那件事情哪里又出了差错等。从早到晚，他们的嘴巴似乎就没有休息过，他们总是对生活中的每一件事情进行挑剔，甚至是一些微不足道的小事。其实，这类爱唠叨的人都是追求完美的人，他们对生活中的每一个细节都苛求十全十美，见不得一点点瑕疵。所以，一旦他们发现生活中有很多不如意的事情，就会产生一些抱怨、唠叨。

为什么有人特别喜欢唠叨、发牢骚呢？其实，人生在世，不如意事十之八九。当他们一遇到那些不如意的事情时，自然会觉得有满腹的牢骚、变得唠叨起来。我们不难发现，很多上班族喜欢在喝酒时发牢骚，有时候真是唠叨个没完没了，一发不可收拾。他们大多会就生活、工作上的事情进行唠叨，要么是“我们老板的脾气真差，恨不得我们的一言一行都按他的想法来，事实上很多时候他明明知道自己是错的，还希望我们坚持下去”，要么是“那家伙也真是令人讨厌，既然没有做这件事的能力就早说嘛，现在事情搞成这样子才来找我们，真是一点也不把我们放在眼里”。在他们心里，更希望生活能够按他们的想法来进行，这样才完美无缺。

那些经常对生活充满抱怨、喜欢唠叨的人，大多是属于追求完美的人。他们凡事都要求高水平、高标准，并时常在脑海中描绘完美的蓝图，由于现实与理想之间的差别过大，于是对现实生活充满抱怨，进而开始唠叨不断。那些喜欢唠叨的人，通常是希望自己能过上理想的生活，甚至于整天沉迷于幻想的世界中，对于现实的问题则采取漠视的态度。

1.有些自以为是

这些经常唠叨的人，总认为自己是最完美、不会出错的人。因此，在某种程度上说，这种类型的人非常难相处。他们总是充满自信地认为自己的表现完美无缺，因此常会愤世嫉俗地想：他们怎么总是这样，什么事情都做不好，做的事情都不能够让我满意。其实，如果他们能够早一点认清事实，了解自己本身也并不是十全十美的，他们就会对别人少一点苛求，就会少一点唠叨了。

2.大多怀才不遇

在那些喜欢唠叨的人之中，不乏怀才不遇的人。他们本身是很有能力的，但因为人际关系不好而被周围的人孤立，所以无法受到重用、无法取得更为长远的发展。而他们的人际关系差的主要原因也是他们喜欢唠叨，当身边有人在的时候，他们往往整天唠叨、事事抱怨，但是没有谁愿意听别人的唠叨，也没有人受得了整天唠叨的人。因此，当身边的人受不了他们唠叨的时候，就会一个一个地离开，对他们敬而远之，最后只剩下他们自己。

我们换个角度想，如果世界上没有这些爱唠叨的人存在，那么所有人都有可能安于现状、不求进步。而正是因为有这些会唠叨、敢批评的人存在，才能让人们更加努力地追求完美。比如，父母老是在我们耳边唠唠叨叨，但是，如果没有他们的唠叨，我们就会在成长的路上多走一些弯路、少一些成功的机会。正是他们的唠叨，使我们避免了一些不必要的麻烦。因此，那些老是喜欢唠叨的人虽然显得有些啰唆，但在挑他人的毛病、找他人的缺点方面，往往拥有傲人的才能、敏锐的眼光，所以有时候你不妨侧耳倾听，或许会有意想不到的收获。

## 开场白太长的人比较自卑

在人际交往中，为了促进彼此的人际关系，很多人在正式交谈前都会先有一段开场白。这个开场白主要是为了介绍自己，吸引对方的眼球，使自己得到关注。事实上，和对方见面时，如果不先说点开场白就直接进入重点，可能会令他人对自己的意图产生误解甚至产生戒心，为双方的沟通带来障碍。特别是在一些商业会谈中，开场白是不可或缺的。

一般来说，开场白不宜过长，只要寥寥数语、别出心裁，就能够达到自己的交际目的。如果开场白过长，听众就不易抓到说话的重点，而讲话者自身也难免徒增焦虑。虽然大部分人都懂得这个道理，可还是有人喜欢把开场白拖得很长，原因可能是多方面的，但主要原因就是讲话者自身缺乏足够的自信。下面我们分析一下，为什么有很多人会把开场白拖得很长。

1.对听者的一种体贴

如果对方是个敏感、容易受伤的人，直接切入问题重点，可能会对对方心理造成冲击，所以说话的人刻意拖长开场白，以顾虑对方的感受。

2.掩饰内心的不安

有的人认为，如果开场白太过简短，可能会使对方产生误会或露出不悦的神情，因而给其留下不好的印象。于是，他们怀着这样一种不安的心情拖长开场白，使自己得到一种安慰。其实，这就是一种缺乏自信的表现。除此之外，有很多人在应邀演讲时，也常常把开场白拖得很长，这也是为缺乏自信所作的一种辩解。

为什么有的人会利用开场白为自己辩解？通常情况下，过长的开场白可以隐藏自己的不安情绪，讲话者害怕不能清楚地表达自己的意思，于是画蛇添足，认为开场白越长越好。因此，借很长的开场白来为自己辩解的人，通常是小心翼翼的人。

开场白太长固然令人不耐烦，但有很多人矫枉过正，在面对上司、前辈时，深怕自己的开场白过长会使对方反感，因过多地顾及对方态度而一味地缩短开场白，以致显得十分反常。

总而言之，说话者无非为了更详细地表达自己的意思，所以才使用很长的开场白。这其中最重要的目的就是掩饰内心的不安，而这也是一种缺乏自信的表现。假如你有这样的表现，那不妨先逐步增强自己的自信心。

## 喜欢打探隐私的人善嫉妒

在日常生活中，我们发现有很多人喜欢揭人隐私，他们以偷窥别人的私生活为乐，有的人甚至把别人的隐私作为茶余饭后的谈资，在谈论别人的隐私时还难掩那种自豪感。也许，没有人不喜欢听他人的隐私，所以报刊杂志才会乐于报道政治家、企业家、文体明星的新闻。每一个人都具有强烈的好奇心，特别是对他人不为人知的一面或者自己从来没有听到过的消息。而那些“好奇心”过重的人，别人越是想遮盖某些秘密，他们就越有一种掀开神秘面纱的强烈欲望，越想了解对方的隐私。造成这样的心理的主要原因就是其内心强烈的嫉妒心在作怪。

如果是同一工作单位中的四五个同事聚在一起，他们聊天时，话题总喜欢围绕工作单位中同事的一些消息打转。在这种谈话场合，有的人扮演的是提供话题的角色，在大家面前揭露他人隐私；有的人则扮演听众的角色，对别人的隐私进行评论。由此，说闲话的条件便成立了。我们不妨仔细观察这种揭人隐私提供话题的人与听众——他们的心理动机到底是什么呢？下面我们通过几个方面来分析一下。

1.为了排解欲望得不到满足的郁闷

很多人愿意与几个同事一起谈论别人的隐私，大多都是为了排解欲望得不到满足的郁闷。有可能是在工作中由于与上司的价值观有差异，出现不同的想法和意见，而自己的意见未被采纳；有可能是因为在工作中与某位同事出现了一点小摩擦，而自己一直记在内心。于是，这一类型的人心中感觉痛苦，异常烦闷，因此提供这些话题。

当然，聪明的他们并不会把这种情形当作自己本身的问题，在揭露别人隐私的时候也不会显露自己对当事人的一点看法，表面上看他们只是把客观存在的事件叙述出来。他们会认为全工作单位的人都对某位人物感到不满，所以自己有义务揭露他人的隐私，让大家的憎恨与攻击欲望得到满足。因此，他们往往会在言谈之中故意说一些刻薄的话，并希望听众能与自己站在同一立场上。

2.基于嫉妒的心理

通常情况下，人们谈论这一类话题的对象不是上司、部下，而是同事。因为人们对自己的上司或者下属都不会产生嫉妒心理，唯有对可能成为自己对手的同事才会产生一些嫉妒。提供话题者千方百计打听对方的一些事情，一旦发现一点能破坏对方形象的事情，就会大肆渲染。所以，他们提供的话题，内容往往是对象的私生活，企图破坏其形象，使自己心里获得一种满足感。而如果再加上听众对这个对象也不怀好意，并对其私生活进行胡乱的批评，那么提供话题者的目的就更易达成。

3.对他人怀有敌意、羡慕等情结

很多人在一起窥探别人的私生活，并对他人的隐私或私生活进行评价，不管是提供消息的人，还是听众，他们无非就是心中对被谈论对象怀有敌意、羡慕等情结，所以他们才能凑在一块儿，对他人的种种隐私谈得不亦乐乎。但是，听众一旦认为提供话题的人所说的内容与事实不符，就会把这个人当作造谣生事的人，而对传闻置之不理。

从心理学上来说，每一个人都有一种偷窥癖，只是每个人的兴趣程度大小不一。有的人善于克制自己的那种偷窥的欲望，对于别人不想说的秘密不会到处打听；而有的人，虽然知道这是不对的，甚至是不道德的，但他们就是克制不住内心的那种偷窥的欲望。大多数人认为女性尤其喜欢在背后谈论别人的隐私，其实男性也毫不逊色，他们在下班后几个人聚在一起喝酒时，也会谈起工作单位中某个或某些同事的隐私，一来这可使其解除在工作中的紧张；二来也可以使其得到自己在工作单位中得不到的情报。

对于我们自己内心深处的这种偷窥别人隐私的欲望，我们需要理性地克制，转移注意力，与其有工夫坐在办公室里聊天，还不如花点时间和精力去多学一些知识，这样不仅能显示自己不凡的涵养，而且有助于自己的事业发展。

## 草率的“闪婚闪离”族

生活中，我们发现不少80后有这样一个奇怪的想法：谈恋爱浪费财力、物力和人力，何况恋爱十年八年也不一定不离婚，索性一步到位。于是，八分钟爱上一个人，一周谈场恋爱，再过一周后领回结婚证……这样的现象经常发生在80后身上。不知从何时起，不少80后变成了“闪婚闪离”一族，有的甚至年前结婚、年后就离婚。80后群体为什么要如此草率地作出决定呢？婚恋心理专家指出，婚前缺乏足够的了解会成为“闪离”的导火索。

我们先来听一下下面这位80后的婚姻经历：

去年十一，我去北京旅游认识了她，她是广州人，在飞机上，我们一见如故，可以说，她满足了我对于女人的全部梦想。

旅行结束，她跟我一起回了武汉。在认识半个月后，她就对我说说：“我们结婚吧。”我当然高兴，天上掉下来个媳妇。很快，我们就结婚了，我们还年轻，并不打算要小孩，所以，结婚与同居我觉得没什么区别。

刚开始的那一段时间，我们如胶似漆，确实很幸福，但问题很快就出现了，她不想出去工作，这我没意见，但我觉得，既然家里有个全职太太，下班回家总应该能有口热饭吃，衣服也不必都堆到星期天来洗。可事实是，家里因为多了一个人，我必须多叫一份外卖，房间脏乱的状态翻了番，星期天，我还得洗双份的衣服。我曾尝试跟她商量一下，看看她能不能做点家务，但只要一说到这个问题，她就跟我撒娇："我妈要知道自己女儿在武汉做家务，非心疼死不可。"

我并不敢跟父母说我找了个什么都不会的媳妇。起初，我也准备容忍她的这些缺点，但每次一下班回家，看着她蓬头垢面地坐在电视面前吃零食，我就气不打一处来。后来，我们不断吵架，一次争吵后，她回了广州。第二天，她发来一封邮件，说想离婚。

可能我们身边不少80后都有这样的婚姻经历，"闪婚闪离"已经成为80后的时尚。然而，据北京婚姻登记机构调查显示，恋爱不足三个月结婚者，离婚率居高不下，最短的婚姻仅仅维持了23天。低估两个人的生活压力，高估彼此的适应能力，是造成80后"闪婚闪离"的重要原因。

那么，80后为什么会成为"闪婚闪离"族呢？归结起来，大致有以下原因：

1.缺乏宽容

该群体中许多人以自我为中心，社会责任感和家庭责任感淡薄，这与父母从小过分溺爱，凡事帮孩子拿主意，以致孩子缺少忍让性、宽容度有直接关系，也导致80后的婚姻稳定性下降。同时，随着时代的发展，这一代人对婚姻感情质量的要求更高了。对平淡生活的不满，使得他们不愿意凑合，一些由生活琐事引发的“婚姻死亡”现象也由此越来越多。

2.经济依赖导致矛盾升级

婚后，尽管两人在单位都能独当一面，但家庭生活中的矛盾还是渐渐显现出来。80后从小花钱大手大脚惯了，一个月的工资半个月花完不说，还要经常换新手机，并且必须一人一个，数码相机甚至电脑要置办就得是一人一台，随之便心安理得地接受老爸老妈接济，直到产生两个家族的矛盾且一发不可收拾。

3.家务低能

经济不独立、“家务低能”是80后在婚姻生活中的“软肋”，而其缺乏宽容、理解的个性，往往容易成为轻言离婚的导火索。有调查显示，在已成婚的“独生代”家庭中，有30%聘用小时工来做家务，20%由父母定期为其整理房间，80%的家庭长期在双方父母家里“蹭饭”，30%的夫妇自己的脏衣服要拿到父母家里洗。

4.草率闪婚

80后到了适龄年龄后，“闪婚”也随之成为流行词。很多“闪离”的80后最后几乎都会说：之前不了解对方，没想到他（她）那么多毛病，而导致“闪离”的前提正是看似时髦的“闪婚”。婚前缺乏深入了解，没有经过慎重考虑就草率结婚，结婚后感情基础不牢靠，而都市生活节奏快，人心容易浮躁，发生矛盾后不懂得自我调适和彼此谅解，缺乏社会责任感，种种因素，都造成80后容易草率离婚。

5.简单方便

值得注意的现象是，80后离婚案件当事人大多没有财产分割和子女抚养问题，这使得他们离婚时的顾虑少了很多。

总之，80后群体中不少人特立独行，对待婚姻也不例外，因此，才会有越来越多的人闪婚或闪离。男女双方在一起生活不合适就离，离了再找一个，在文明开化的今天，这本无可厚非。但是，任何人，都不能把婚姻当儿戏，当我们决定进入婚姻殿堂的时候，就要抱着为自己、为对方负责任的态度，认识到婚姻的庄严和严肃，并学会努力经营好婚姻。

## 得不到的永远在骚动

生活中，相信人们都有这样的心理感触：我们最讨厌电视剧中的插播广告，因为我们渴望尽快了解剧情；对于我们没有购买到的衣服，我们会念念不忘，但一旦到手，就可能弃之如敝履；打电话之前，我们会清楚地记得所要拨打的电话，但一旦打完，就将其抛之脑后了……为什么会这样呢？其实，这都是蔡格尼克效应在起作用。

蔡格尼克记忆效应是指人们对于尚未处理完的事情比已处理完成的事情印象更加深刻。这个现象是由蔡格尼克通过实验得出的结论。

人生在世，最珍贵的是什么？长久以来，大多数人认为世间最珍贵的东西是“得不到”和“已失去”。

人们常说得不到的东西才是最珍贵的。是啊，因为得不到，我们才憧憬，才梦想，才穷其一生去追求。哪怕像飞蛾扑火，哪怕像空中楼阁，哪怕像懒汉仰头等待天上掉馅饼，哪怕像沙漠行者奔跑着扑向海市蜃楼。因为得不到，我们会怅然若失，会绝望，会撕心裂肺地痛。这种感觉会深刻地印在我们的记忆中，挥之不去，会时时困扰着我们的思想，影响着我们的生活，搅得我们寝食难安。

得不到和已失去固然珍贵，但这并不是最珍贵的，人间最珍贵的应该是把握好现在你手中的幸福，好好珍惜眼前人。日本一休禅师曾经说过：人生只有三天——昨天，今天和明天。活在昨天的人迷惑，活在明天的人等待，只有活在今天的人最踏实。

是的，已失去好比是昨天，得不到好比是明天。珍贵的昨天已经失去，不再回来；没有得到的明天还没有来临，不能把握。我们应该珍惜今天的生活，认真地度过今天的每分每秒。珍惜你所拥有的东西，哪怕你现在没有觉出它有多么重要，多么珍贵；哪怕它平凡得像一棵草，普通得像一杯水，寻常得像一粒风中漂浮的尘埃。你今天珍惜了它，你将来就不会为失去了它而痛苦，你就没有时间为得不到的东西而耿耿于怀。

有时间的话，常回家看看，多陪陪家人。不要等到“树欲静而风不止，子欲孝而亲不待”的时候去追悔，去痛苦，去撕心裂肺地痛哭。

把握好现在你手中的幸福，好好珍惜眼前人吧！因为这才是世界上最珍贵的。

人们天生有一种办事有始有终的驱动力，人们之所以会忘记已完成的工作，是因为欲完成的动机已经得到满足；如果工作尚未完成，这同一动机便会使人们对此留下深刻印象。这就是为什么人们常常感觉越是得不到的东西才越觉得珍贵。然而，真正珍贵的是当下，是现在，因此，把握住幸福就要活在当下，珍惜当下！

## 封闭自己的“宅男”“宅女”

要问现在的年轻人周末都干什么，可能很多人会回答：起床、开机、刷牙、登录QQ、浏览网页和新闻、刷微博、聊微信……这就是人们常说的“宅男”“宅女”。如果你没听过“宅”这个字，那么，你就真的落伍了。

谈到林伟，朋友都会这样评价他——典型的“宅男”。两年前，林伟从上海的一家软件公司辞职，辞职后的他开始从事自由职业的工作，也就是给人做做网站、画画漫画等。现在，除了出门理发和倒垃圾外，他都待在家中。

回想起两年前的生活，林伟说：“那时候我每天都要待在办公室，忙的时候十几天不能回家一趟，还得赶公交、抢午饭座位、和同事说一些无关痛痒的话，我感觉，虽然很忙，却完全没有存在感，我不喜欢这样的生活……”于是，林伟主动辞职了。

辞职后的林伟几乎不出家门，却感到舒心多了。他每天吃着电话订的外卖盒饭，用着网购的生活用品，网页设计的生意也在网上谈好，闲暇时间就窝在沙发上看看电影、NBA。“当‘宅男’挣的和原来差不多，可是省去了很多不必要的应酬和花销，自由多了。”

不过，宅在家中，也有让林伟烦恼的一面。“科技越来越发达，世界越来越小，看起来社交圈子天南海北，但人与人的距离越来越远了。”今年夏天，林伟与大学同学聚会，一共就四个人，结果四个人都忙着刷微博、看手机，一顿饭吃了不到一小时就草草收场。此外，让林伟烦恼的是，到现在，他的终身大事还没解决，远在家乡的父母为此担忧不已。虽然在网上他也认识了几个女孩，但只要一见面，都“见光死”。

也许我们的身边有很多和林伟一样的人，他们厌倦了朝九晚五的生活，宁愿宅起来。那么，为什么现在的年轻人更喜欢宅着呢？其实原因是多方面的。首先，现代社会科技的发达，让年轻人有了即使宅起来也能了解世界和外界的可能，无论是QQ还是微信、微博，都是一种很好的与人联系的工具；其次，有时候年轻人宅着是情非得已，工作压力大、免费的公共资源有限、出门社交成本高，因此，月薪几千元的白领们只得宅起来。

当然，年轻人宅着的原因还有很多。年轻人认为宅着的生活很滋润，免除了很多与人打交道的烦恼，然而，这其实是一种自我逃避，长此以往，会令人产生不愿意与人沟通、害怕与人交流、讨厌与人交谈、逃避社会、远离生活、精神压抑、对周围环境敏感等消极的心理症状，而这一系列的表现都是“主动自闭症”的特征。看似滋润的宅一族实际上常常忍受着难以名状的孤独和寂寞，容易产生社交缺失、封闭自我、丧失自我的负面效应。

那么，要想改变“宅男”“宅女”这种不健康的生活，应从何做起呢?

1.明确自己的生活目标

我们要认识到的是，“宅”只是一种生活的方式或状态，而不是最终的生活目标。只要找到了让自己奋斗的目标，我们就能发现行走于世的意义所在。你会发现，为梦想拼搏是一种莫大的幸福。

2.从小事情开始改变

宅其实也是一种生活习惯，要改变这种不健康的生活状态，我们还应该从小事着手。不要再在电脑前一坐就是一天一夜，偶尔出去感受一下人流；别再一味地网购，也去商店看看，要知道，讨价还价也是购物的一种乐趣；别再总是熬到深夜，给自己一些约束能过得更健康。只要肯迈出第一步，剩下的99步就不再是难以攻克的障碍。

3.打开自己的社交圈

俗话说：“在家靠父母，出外靠朋友。”拥有良好的人际关系可谓是百利而无一害。经常宅着的你有没有觉得自己很孤单？遇到了问题是不是没有人可以倾诉？真诚的朋友会带走你很多烦恼。

4.积极参加一些体育锻炼

运动不仅可以提高身体的抵抗力、增加血液循环、调节心率，还能够放松心情、缓解压力、补充精力。当你体会到运动带给你的愉悦之后，这种规律、健康的生活方式一定会打动你。

5.多进行一些户外活动

清新的空气和明媚的阳光是最好的“心情净化剂”，定期出去参加一些爬山活动或旅行是不错的选择。

人是具有社会性的群体，人的一切活动和生活都离不开社会交往和交际互动，长期远离与现实社会的接触，不单会使我们的社会性退化，也会使我们产生趋于退缩和自我保护的心理意识，乃至催生性格上的缺陷，譬如过分的自卑或自傲、交际能力退化等。

可见，宅生活也许看上去很惬意，但“宅男”“宅女”内心的凄楚和悲凉是难以言喻的。正常的生活不应该是这样封闭的，而是该宅的时候宅，该活动的时候活动，该放纵的时候就放纵。人毕竟是具有社会性的成员，脱离了人群，我们很难生活得很美好。

# 第06章

# 积极心理学：让生活和心态都阳光起来

积极心理学采用科学的原则和方法来研究幸福，倡导心理学的积极取向，主要研究人类积极的品质，挖掘人固有的潜在的具有建设性的力量，以促进个人和社会的发展，使人类走向幸福。

## 告别习得性无助，重拾自信

心理学上有个名词叫“习得性无助”，它是由美国心理学家塞利格曼于1967年在研究动物时提出的。

他用狗做了一项实验：先把狗关在笼子里，当准备好的蜂音器一响，就电击笼子里的狗，狗关在笼子里无法逃走，只能呻吟和颤抖。就这样重复了几次之后，当他再一次打开蜂音器后，他在电击之前将笼子的门打开，但奇怪的是，狗居然没有夺门而出，而是一听到蜂音器响就呈现出痛苦状。原本，这只狗可以主动地离开笼子，免除这种痛苦，但它选择了逃避。心理学家们把这种在受到多次挫折之后产生的对负情境的无能为力感叫作“习得性无助”或“习得性绝望感”。

那么，对于人类而言，习得性无助又是怎样产生的呢？其实原因很简单，如果一个人总是被失败打击，感受不到成功的喜悦，那么，他就容易形成一种无助感，变得自卑、失望、悲观，甚至对自我价值的认知也是消极的。

生活中，我们经常听到一些人在遭遇失败时这样说：“算了，就这样吧，没用的。”“听天由命吧……”这种消极、自卑的心理是他们积极进取的最大杀手。要知道，心理暗示的作用是巨大的，如果经受了某个挫折就断然给自己下结论“不行”、就给自己一个消极的心理暗示，时间长了，就真的会习惯性地说“我不行”。因此，如果你正处在失败中，你一定要摆脱这种无助感，只有这样，你才能真正重拾自信。

人们的受挫能力是有一定极限的，一个人在经受了长期的挫折影响后，便容易对自己的能力产生怀疑，这种状态下，他对失败的恐惧远远大于对成功的渴望。但无论如何，我们都要避免这样的心态，正确评价自我，这样才能树立自信心，走出困境，成为一个坚强的人。具体说来，在日常生活中，你需要做到以下几点：

1.不要总是和其他人比

如果你总是拿自己的短处和他人的长处比，你就很容易产生自我否定的情绪，给自己造成心理压力，认为自己真的比别人差、比别人笨，进而形成恶性循环。

2.客观评价自己

一个人要摆脱习得性无助，首先要正确认识自我，多看自己的优点。人无完人，一个人对自己的评价应该是客观的，不仅要包括自己的不足，而且要包括自己的长处。

3.体验成功，摆脱无助感

你不妨多去做一些成功率高的事，这样，在成功的体验中，你能逐渐树立自信心，排除挫折，进而远离无助感。

一个人一旦沾染上习得性无助，就会给自己的心筑起一道永远无法逾越的墙，他会坚信自己无能为力，放弃任何努力，最后只能面临失败的结局。对此，在挫折面前，我们应该谨防习得性无助，以积极的心态看待挫折。摆脱无助心理，你才能真正成长为一个坚强的人。

## 转换思维，看到事物积极的一面

有人说，这世界上存在两种人，划分的标准就是他们对待事物的态度，一种是乐观的人，一种是悲观的人。乐观者的脸上总是挂着微笑，似乎没有事情能难倒他们，因此，他们生活得幸福、坦然；而悲观的人似乎总是把眼光盯在事物坏的一面，于是，他们总是状态低迷，整日郁郁寡欢。有句话说得好："乐观者在灾祸中看到机会，悲观者在机会中看到灾祸。"其实，很多时候，那些让我们悲观失望的事并没有那么糟糕，只要转换一下思维，我们就会获得快乐的心情。

生活中有很多这样的人，对于生活、对于人生，他们总是抱着悲观、失望的态度，他们总觉得自己不幸福，于是，他们的脸上总是愁云密布。其实，如果他们能转个角度，那么，生活中便处处充满美好。

马歇尔·霍尔医生曾对自己的病人说过："乐观的态度，是你最好的药。"所罗门也曾说："乐观的心态，就是最强劲的兴奋剂。"有一位虔诚的作家，在被人问到该如何抵抗诱惑时回答说："首先，要有乐观的态度；其次，要有乐观的态度；最后，还是要有乐观的态度。”的确，乐观就像心灵的一片沃土，为人类所有的美德提供丰富的养分，使它们健康地成长。乐观使你的心灵更加纯净，意志更加富有弹性，它就像最好的朋友一样陪伴着你的仁慈，像尽职尽责的护士一样呵护着你的耐心，像母亲一样哺育着你的睿智，它是道德和精神最好的滋补剂。

也许你的身上曾发生过这样一些事：早上起来，打翻了早餐、挤不上公交车、丢了钱财，这些看起来很倒霉，悲观的人或许会为此懊恼一整天，认为老天对自己不公平，因此十分不开心。然而，在工作生活中带着这种郁闷的情绪，对自己有什么好处呢？反过来，把这些不顺心当作生活中的一部分调料，乐观地看待，你或许会有另外一番心情……抱着这样的态度看待生活，还会有什么不开心的事，还会有什么烦恼呢？

一位著名的政治家说过：“要想征服世界，首先要征服自己的悲观。”用乐观的态度对待人生，满世界都是“鲜花开放”；而悲观者看人生，则总是“悲秋寂寥”。譬如，同样是春雨霏霏，有人看到的是漫步雨中的浪漫，有人想到的是潮湿天气带来的不便；同样是满天繁星，有人可在茫茫的夜空中读出星光的灿烂，增强自己对生活的自信，有人则让黑暗埋藏了自己，而且越葬越深。

从这里，我们可以发现，要想用乐观的态度对待人生，需要我们学会转换思维，这样的话，无论命运给了我们怎样的“礼物”，我们都能将利于自己的局面一点点打开。

一个人只有以积极的、阳光的心态看待周围的人和事，才能拥有快乐的心情，这就需要我们学会转换思维，时时心存感激，不忘欣赏生活的美好，以使每一天都过得有意义。

## 敞开心扉，才能摆脱抑郁

人生征途上，我们谁都不希望独自一人，都希望有朋友相伴。因为，人行于世，难免会遇到各种困难，难免会悲观失望、孤独难耐，但如果我们能得到朋友的鼓励和支持，我们就能重获力量，甚至闯过难关。有研究表明，人际关系不好，性格孤僻或跛扈、有缺陷，容易导致抑郁症，抑郁又会进一步使人际关系恶化，这是一种恶性循环。

很多数据和事实一再说明了这样一个令人痛心的现象：有心理障碍并想不开的人，大多数从来没有寻求过心理帮助。很多艺人之所以会选择自杀，就是因为他们有太多的心理压力而又不选择向朋友们倾诉。还有一些人回避自己的心理问题，不去勇敢地正视和面对它，而且不积极进行治疗，结果导致悲剧事件屡屡发生。

生活中，我们每个人都不能忽视抑郁这一问题，如果你有如下几大主要症状，就表现你抑郁了：大部分时间感到沮丧或忧愁；缺乏活力、总是感到累；有犯罪感或无用感；无法解释的疼痛；有死亡或自杀的想法……

抑郁会严重干扰你的工作、学习和生活，给家庭和社会带来沉重的负担，严重的还会导致抑郁症。它会赶走你的积极情绪，使你对周围的人丧失爱。能否敞开心扉是抑郁症患者能否摆脱抑郁的关键。为什么抑郁症患者很难做到这一点？因为他们有某种心理上的顾忌，他们不愿意承认自己有抑郁症，更别说积极主动地配合医生治疗。

我们发现，很多抑郁者在患病后，会选择偷偷吃药而不会公开病情，这是因为他们对抑郁症的认识不足，将它误认为神经衰弱、精神分裂；还有一个原因是他们担心公开病情后他人抱以冷眼或歧视，背后传播流言蜚语，让本已伤痕累累的心灵雪上加霜。

那么，亲爱的朋友，如果你抑郁了，该如何向朋友寻求帮助呢？

1.寻找信任的朋友

只有值得你信任的朋友，才会为你保密，真心地帮你解开心结。

2.不要为朋友带来困扰

你向其寻求帮助的朋友必须是那些内心坚强的人，如果他比你更容易产生抑郁情绪，那么，你只会为他带来困扰。

3.必要时候应该寻求心理医生的帮助

如果你觉得你的朋友并没有帮助你摆脱内心的煎熬，那么，你应该说服自己，让心理医生来为你解疑答惑。

当然，即使心情抑郁了，你也不必担心，抑郁并不等同于精神分裂，你只要告诉自己，我的情绪感冒了，正在发烧，还会打喷嚏，现在很痛苦，但只要我积极治疗就会好的。

了解抑郁，才能更有效地远离抑郁。越早去面对心理创伤，就会越早走出心理创伤的阴影。而摆脱抑郁，最重要的是与别人交流，敞开自己的心扉，这样才能找到病候，对症下药。

## 远离焦虑与恐惧，保持身心健康

现代人越来越焦虑，内心里隐藏着一种恐惧，既担心自己的生存状况，又惧怕生老病死。长久以往，原本健康的身体被心理折磨得奄奄一息。哈佛医学院的教授们认为：心理不健康是导致身体不健康的主要因素。比如，有的人一感到身体不舒服，就怀疑自己生了病，整个人陷入恐慌之中。其实，在很多时候，这些都是源于内心的焦虑和恐惧。当然，心病还得心药医，不要猜疑自己的健康，保持健康的心理，心病自然就会消除了。

吉姆是一位年轻的汽车销售经理，他的前途充满无限希望。但是，吉姆的情绪非常绝望，他意志消沉，觉得自己要死了。他甚至开始为自己挑选墓地，为自己的葬礼做一切准备工作。其实，吉姆的身体只是出了一点小问题，有时候会呼吸急促，心跳很快，喉咙梗塞。对此，医生规劝：“你只需要坦然处理生活、退出自己热爱的汽车销售行业就行了。”

吉姆在家里休息了一阵子，但是，他还是满是焦虑和恐惧，于是，他的呼吸变得更加急促，心也跳得更快，喉咙依然梗塞。这时，医生劝他到外面去透透气，吉姆照做了，但依然无法阻止内心的焦虑和恐惧。

一周过去了，吉姆回到家里，他感觉死神快降临了。朋友告诉吉姆："赶快打消你的猜疑！如果你到明尼苏达州罗切斯特市的梅欧兄弟诊所，你就可以彻底地弄清病情，而不会失去生命。赶快，立即行动！"吉姆听从了朋友的建议，他来到了罗切斯特，实际上，吉姆一路上都在担心自己会在路途中突然死亡。

在梅欧诊所，医生给吉姆作了全面检查，然后告诉吉姆："你的症结是吸进了过多的氧气。"吉姆先是一愣，然后大笑了起来："那真是太愚蠢了，我怎样对付这种情况呢？"医生说："当你感觉呼吸困难、心跳加速的时候，你可以向一个袋子呼气，或者暂时屏住气息。"医生递给吉姆一个纸袋，吉姆照办了，结果，他发现自己的心跳和呼吸都变得很正常，喉咙也不再梗塞了。当他离开诊所的时候，他已经变得容光焕发，原来这一切的症结都是因为内心的焦虑和恐惧。

长期的焦虑和恐惧会让我们相信某个想象中的事情将变成现实，然而，就是在这样的消极心理中，那些预感中会发生的事情还是发生了，到最后，我们的焦虑和恐惧越来越严重，以至于身体真的出现了疾病。心理不健康，诸如焦虑或恐惧，将损害我们的身体健康。所以，要远离焦虑与恐惧，保持身心健康。

焦虑和恐惧给我们生活所造成的影响是不容忽视的，过度焦虑对我们毫无益处，只会危害我们的生活和事业，而且会危害我们的健康。与其花费大量的精力和心思去焦虑和恐惧，不如好好经营自己的生活，把精力和心思转移到生活上来，这样，自然就摆脱了焦虑和恐惧，从而获得一种轻松而美好的生活。

每天，我们都饱受着生活压力的困扰，或多或少都有过焦虑恐惧的感受，然而，可能许多人都没有意识到，长期的焦虑会引起抑郁症，这是一种病态的心理，不仅会对我们的健康造成损害，还会感染到身边的人。所以，要以积极乐观的心态面对生活，让焦虑和恐惧都消失在阳光下！

## 平和心态看待生活挫折

生活不可能处处都是鲜花，成功之路不可能一帆风顺，我们也不可能事事都比别人强。

那么，在我们的人生不是一帆风顺的时候，在我们的人生出现一些挫折的时候，在我们的面前不都是鲜花的时候，我们该怎么办？

有很多人，对世事、对自身都抱有很高的期望。他们一心向前的冲力太大，碰到挫折阻力时，心理适应性跟不上，由此产生的悲伤和恼怒就会被放大，在很长时间内都不能解脱。这对他们的身心健康的危害是非常严重的。

人生于世，想不遭受失败和挫折几乎是不可能的，但是，我们可以调整好自己的心情，使自己不在烦恼的海洋里陷得更深。这时候，只要后退一步，你就会发现海阔天空，人生照样美好，天空依然晴朗，世界仍是那么美丽，你会得到很多东西，而不是失去。

（1）做生意，原本想肯定能赚一百万，由于种种原因，最后只有十万到手。这时候，你后退一步想想：毕竟没有赔钱。当然了，退不是逃，你得总结一下，那九十万是怎么未到手的。

（2）公司里人事调整，你原想这次你肯定升职，可宣布各部门人选的时候，你竖起耳朵也没听到老板念你的名字。这时候，你先别生气，后退一步：毕竟没有被炒鱿鱼。然后想自己为什么没有被提拔，如果的确不是你的错，那就是老板没长一双慧眼，没发现你这颗珍珠，那损失的是老板而不是你。让他遗憾去吧！

（3）单位里职称评定，你差一点就评上了。可惜的确可惜，但再可惜也没用了。这时候，你后退一步：这次差一点，下次就一点不差了。所以，回去再努力一年。这一年，你的成绩可能会令人大为惊讶。

（4）被公司老板给炒了。这肯定不如你炒他心里那么痛快。老板炒你肯定有他的理由，但你别去问，一问显得你没劲。你后退一步：毕竟只是被老板炒了，而不是被坏人杀了。只要大脑在、双手在，天下的老板多的是，老天爷还饿不死瞎眼的家雀儿呢。没有工作了，还有许多路等着你呢。

（5）做股票，这支股票本来可以赚5万元，由于贪心，只赚了5000元。你别光骂自己蠢，后退一步：毕竟还赚了5000元，而不是赔了5000元。下次不要再太贪心就是了。要是这次赔了5000元，也后退一步：毕竟只赔了5000元，而不是全赔了进去，下次不犯类似的错误，再赚回5万元就得。

（6）生病。已经生病了，心情肯定不会很好，但心情不好对你身体的恢复只有坏处没有好处，因而要尽量使自己摆脱坏情绪，后退一步：毕竟只是生病，那就趁这个机会好好休息一阵，平时难得有这样的机会。

人生不如意的事儿十有八九，因为世界毕竟不是你一个人的世界，造物主要尽量公平一些，不可能把所有的好事都摊到你的头上，也要适当考验考验你，看看你在不顺的时候会是一种什么样子。如果你反应过激，他还会继续考验你，直到你能以一种平和的心态去看待、对待一时的不顺或者挫折。

退一步去看待人生的不顺和挫折，并非一种消极的心态。在这时候，你后退一步，寻找到一种海阔天空的人生境界，这也是一种积极的心态，也是一种做人的境界。

恐惧、焦虑、抑郁、嫉妒、敌意、冲动等负性情绪，皆是破坏性的情感，长期被这些情绪困扰笼罩，必将导致身心抱恙。

古语早有云：喜伤心，怒伤肝，思伤脾，忧伤肺，恐伤肾。也就是说，喜、怒、思、忧、恐是人类最基本的情绪情感体验，但如果太过于强烈，都会伤及身体。

## 坚定信念，以自己的方式走向成功

高尔基说：“只有满怀信念的人，才能在任何地方都把信念沉浸在生活中并实现自己的意志。”哈佛人认为，一个失去了信念的人，就像一根潮湿的火柴，永远不可能点燃成功的火焰。许多人的失败在于，不是他们不能成功，而是他们缺少了那份信念。信念是成功的基石，人们只有对自己所做的事情充满必胜的信念，才会采取积极的行动，在信念的召唤下，他们将底片变成美丽的图片。居里夫人对科学的坚定信念，促使她以强大的毅力完成了艰难的科学研究，她说：“生活对于任何人都非易事，我们必须有坚忍不拔的精神，最要紧的，还是我们自己要有信念。我们必须相信，我们对每一件事情都有天赋的才能，而且，付出任何代价，都要把这件事情完成。这样，当事情结束的时候，你就能问心无愧地说：‘我已经尽我所能了。’”信念就如同航标灯射出的明亮光芒，在朦胧浩森的人生海洋中，指引着我们走向辉煌，因为信念是我们力量的源泉。

成功大师拿破仑·希尔说：“有方向感的信念，令我们每一个意念都充满力量。”信念，是我们力量的源泉，同时，它推动着我们走向成功。面对这个充满诱惑的世界，影响我们走向成功的有许多不确定的因素，但是，心中有信念的人，能坚守自己的目标不动摇，坚定信念，以自己的方式走向成功。

有一队人马在荒无人烟的沙漠中艰难地跋涉，他们已经在沙漠里走了很久很久。太阳不客气地释放着光和热，他们随身带的水已经不多了，随时都会有生命危险。又走了长长的一段路后，大家都走不动了。这时，领队的老人从自己背上解下一只水桶，对大家说："现在只剩下一桶水了，我们要等到最后一刻再喝，不然大家都会没命的。"

于是，他们继续无比艰难的旅程，而那桶水成为他们心中唯一的希望，望着那沉甸甸的水桶，每个身体疲惫的人心中都有了对生命的一种信念：一定要坚持到旅程的最后一刻。但是，天气太炎热了，一个小伙子实在撑不下去了，他向老人乞求："老伯，让我喝口水吧。"老人生气地回答："不行，这水要等到最艰难的时候才能喝，你现在还可以坚持一会儿。"就这样，老人坚决地回绝了每一个想喝水的人。

眼看到了黄昏，大家发现领队的老人已经不见了，只有那个水桶孤零零地躺在前面的沙漠中，在沙地上写着一行字："我不行了，你们带上这桶水走吧，要记住，在走出沙漠之前，谁也不能喝这桶水，这是我最后的命令。"人们抑制着内心的悲痛，继续向前出发，而那只沉甸甸的水桶在每个人手里依次传递着，谁也舍不得喝上一口，因为他们清楚这是老人用自己的生命换来的。终于，他们走出了沙漠，喜极而泣之余，他们想到老人留下的那桶水，然而，打开桶盖后，却从里面流出了沙子。

信念和希望是生命的力量。在许多时候，打败我们的并不是环境，而是我们自己。只要心中还残留着一丝希望，我们就要坚定自己的信念，努力追求、努力奋斗。在生活中，无论自己的处境是多么糟糕，我们也要在心底保持一份信念，因为信念能使我们释放出强大的力量。只要信念还在，希望就能够永存，命运也会对我们作出让步。

在2008年年末，英国《人物》周刊居然让一条狗登上了它的封面，而《人物》周刊对这条狗作了以下的语言描述："它是降临在浮躁的英国的一种力量，它是笃定而欢快地照耀在任何一位迷失者前方的一盏路灯，它是早就藏好了眼泪和悲伤、只表露笑容与歌声的一种幸福，它的名字叫信念，它是一条狗，它是一条两条腿、像人类一样直立行走的狗。"信念，本身就蕴含着巨大的力量，它将帮助我们走上成功之旅。

马丁·路德·金曾说："在这个世界上，没有人能够使你倒下，如果你自己的信念还站立着。"有人曾问成功者："是一种什么力量驱使你坚持了这么多年？"他只回答了两个字："信念。"信念，当然是信念，心中怀着一份坚定的信念，执着地走下去，把实现人生目标作为一种人生的信念，这样才能产生巨大的力量。许多人失败，并不是因为他们没有目标，而是因为他们没有信念，失去信念，他们就失去了坚持下去的力量。信念，是一个人成功的根本。信念的力量是巨大的，它支持着我们生活，催促着我们奋斗，推动着我们不断地进步。正是信念，创造了世界上一个又一个的奇迹。信念是力量的源泉，在它的帮助下，人生路上还有什么能够与我们抗衡呢?

# 第07章

# 暗示心理学：学会委婉表达内心想法

暗示，指的是人接受外界或他人的愿望、观念、情绪、判断、态度影响的心理特点，是日常生活中最常见的心理现象。人们在生活中无时不在接受着外界的暗示，如销售人员对顾客的暗示作用。

## 生活中的心理暗示

生活中，我们可能有这样的感触，一个刚出生的婴儿，我们把他放到床上或者摇篮里，他就开始哭泣，而如果我们抱起他，他会停止哭泣，然后我们再放下，他又会哭……孩子的表现，其实就是我们此处要提到的心理暗示。婴儿是想暗示他的父母：他想要被抱着，并且，他成功了。在这一过程中，除了婴儿给出的心理暗示以外，还有父母的自我暗示，他们暗示自己，只有把孩子抱起来，孩子才会不哭。不过，如果父母接受了孩子的暗示，那么，估计在很长一段时间内，他们都要抱着孩子而不能将他放到摇篮或者床上了。另外，婴儿虽小，但是他们也能感受到父母的怀抱比硬邦邦的床更舒服、更有安全感，而且，他们感受到，啼哭能换来父母的怀抱，所以，只要离开父母的怀抱，他们就哭泣。然而，家长还需要工作和生活、需要安排其他事，不可能总是抱着孩子，所以，另外一种情况就出现了——在很忙时，他们不得不把孩子放下，孩子啼哭时，他们刚开始可能会抽时间过来抱一下，但后来实在没时间了，他们就只管让孩子哭了；可是他们发现，十几分钟，或者更短的时间内，孩子居然不哭了，因为他们也逐渐认识到，再哭都没用，所以也就不会以此来换取父母的拥抱了，而这一点，是孩子从父母的行为中获得的暗示。

所以，细心的你可以发现，在生活中，那些爱哭的孩子经常要求父母抱着，而不被父母抱着的孩子哭泣要少得多。

在这一生活体验中，我们理解了暗示、心理暗示和自我暗示。那么，什么是心理暗示？

其实心理暗示并不是什么深不可测的事物，它指的是，当人们受到来自外界的或者他人的愿望、态度和信念的影响后产生的一种心理上的反应，是人们在日常生活中最为常见的心理现象之一。这一心理现象发生作用的过程通常是平和自然的，接收的一方也是在无意间产生心理反应的。

在生活中，人们都会或多或少地受到心理暗示，这也是人的基本心理特性。人类在漫长的进化过程中，逐渐形成了这种无意识的自我保护能力和学习能力。其实，从我们来到这个世界上开始，我们就有了这种能力，并且，我们一直在使用，它是我们保护和塑造自我的一个强有力的武器。

在我们的生活中，我们无时不刻不在接受着来自外界或者他人的暗示。

比如，我们去购物时，我们的购买心理会被平日里看到的一些广告所影响，这是一种对我们潜意识的暗示。在广告不断重复的过程中，我们的潜意识中会累积这些信息，而当我们步入商场或者超市时，这些累积的信息就会被激发出来，然后影响着我们的购买行为。

再比如，学生时代，因为升学或者其他原因，我们到了新的学习环境中后，成绩会出现变化，而这一点与周围环境有着很大的关系，如果学习氛围很浓厚，我们也会努力学习，相反，我们就会怠惰，这也是暗示起了作用。

心理学上的一个著名的实验，也能证明这一点：

有一个关于A箱和B箱的实验是曾经在电视或研讨会上所作的表演，演示者目的是让大家更理解潜意识在沟通上的重要性。

“请你想象一下，这里有两个箱子，A箱和B箱。”演示者用手势指示了两个虚拟的箱子的位置。

“请你凭直觉立刻想象其中一个箱子。”

被要求的人会立刻回答说：“嗯，A箱。”

“为什么选择A箱？”

“没什么，就是觉得……”

演示者带着微笑，非常理解地点头。“你以为是自己选择了A箱，其实不然——是‘我’叫你‘选择’A箱的。”

“你叫我选的？什么意思呢？”

后来，很多演示者都做过这样的心理控制实验，而且总是有很多自愿者参加。其实，我们也可以轻易让对方选择你所指定的箱子，秘密就在于，你用手势指示箱子位置的时候，可以先用左手指示“这里有A箱”，再用右手指示“这里是B箱”，然后放下双手，接着问：“如果要立刻选择，你会选择哪一个？”而在说到“立刻”时，要大胆举起左手指示A箱的位置。如此，“A箱”的印象就会跳进对方的潜意识里，当对方被迫用直觉选择时，“A箱”较容易浮现在其脑海中。当然，对方在意识上完全不会察觉，所以会以为这是自己无意中的选择。

这则心理学试验表明一点，人都在不自觉地接受周围的暗示。

所以，我们可以说，我们无时无刻不在受到心理暗示，即便你原本想抗拒。俄国著名心理学家巴普洛夫·彼得·伊凡洛维奇曾说，正是人类在不断地繁衍和变化，才有了“读懂暗示”这一结果。他认为，人类在艰苦的环境中摸爬滚打，然后逐渐形成了这样自我保护的意识，在危险逼近时，他们就会将从前积累的经验派上用场，帮助自己渡过难关、化险为夷。所以，心理学家称，只有那些能读懂暗示的人们，才具备更强的生命力。

## 心理暗示比坦率直言更有效力

在生活中，我们常常会遇到一些尴尬的事情，有时候，碍于情面，又不得不做。如果直截了当地说穿，不仅自己会很难堪，还会伤害对方的自尊心。其实，在社交中，面对这种尴尬局面，如果我们可以采取委婉含蓄的表达，会收到事半功倍的效果。

事实上，人与人交流，无非是相互之间信息的传递。有很多时候，我们有些话是不方便直接说出来的，所以要学会暗示对方，这种暗示可以是一个表情、一个眼神或一个动作。对方看到你的暗示时，自然能明白是什么意思。这时候，话说多了便会贬值。所以，我们在日常交际中要学会运用心理暗示的方法来应对自己遇到的问题，因为心理暗示比较含蓄，它远远比正面交锋更有力度。

“善于隐藏自己的动机，通过心理暗示达到自己的目的。”在生活中是这样，职场中也同样如此。同事之间往往存在着竞争，有时候，稍不留神，将动机暴露出来，就会给工作带来不便，使自己处于被动。

有些时候，运用心理暗示来说服对方，要比直接将话挑明容易很多。在交际中，不妨把想说的话先“隐藏”起来，换一种含蓄委婉的言行举止，将自己想表达的真实意思夹杂其中，以间接的方式把信息传达给对方。在某些情况下，如果有必要，也可以加上一句明知故问，借助对方的嘴巴将你想要表达的意思说出来，这样就可以通过心理暗示达到目的。

心理暗示无疑是走向成功的必备条件。尤其在现在的商业谈判中，面对尔虞我诈，心理暗示的运用可能是很关键的一个环节。在竞争中，要想将劣势转化为优势，就要运用含蓄的心理暗示，因为，不管在什么时候，心理暗示都要比正面交锋有力度，也更有胜算。

## 表露情绪，将暗示传递给决策者

很多时候，我们面对许多问题并不能直接地指出，需要运用迂回、委婉的方式来暗示他人。其实，这并不代表自己懦弱，反而是一种智慧的体现。而且，面对敏感的问题时，稍有不慎就会成为靶子、成为遭人攻击的对象。这时候，如果不想伤害对方的颜面，又想顺利地解决问题，那最好的方法莫过于使用含蓄委婉的心理暗示。

事实上，生活中，很多情况下你没有选择的余地，但是又不愿意委曲求全，而当面进行言语斗争，会使你的处境更为被动。这时候，就要学会应用心理暗示，把你的不情愿和不满意表现出来，用你的情绪暗示决策者。

在现实生活中，心理暗示往往会使人们不自觉地按照一定的方式行动，或者不加批判地接受一定的意见或信念。如广告信息在无意识中进入人们的潜意识，这些信息反复在人的大脑中重播，最终在人的潜意识中积累下来。当人们下次购物时，就会受到潜意识中的广告信息的影响，进而左右自己的购买倾向。

在日常生活中，心理暗示常常会影响人的决定，从我们平时的对话到电视广告，从正常的交往到中医对病人的诊治，无不有着心理暗示的影子。生活中，如果遇到敏感而易使别人产生误会的问题，可以通过心理暗示来影响对方的决策，这样做既顾及了别人的颜面，也能使问题得到妥善的解决，同时也在别人面前彰显了自己的机智。

## 自我暗示，有效改善心理状态

生活中，当我们有这三大主要症状——情绪低落、思维迟缓和运动抑制的时候，我们一定要引起重视，这有可能表明你抑郁了。抑郁会严重困扰患者的生活和工作，给家庭和社会带来沉重的负担，严重的还会导致抑郁症。它赶走了我们的积极情绪，使我们对周围的人丧失了爱，感到自己死气沉沉、缺乏生气。正如某个抑郁病人所说的："我感到自己是一个空壳。"约15%的抑郁症患者死于自杀。

我们如果长期被抑郁的情绪控制，生活将会失去光彩。抑郁的表现形式各有不同，但具体来说，有以下表现：

（1）大部分时间感到沮丧或忧愁。

（2）缺乏活力，总是感到累。

（3）对以前喜欢做的事情缺乏兴趣。

（4）体重急剧增加或急剧下降。

（5）睡眠方式的巨大改变（不能入睡、长睡不醒或很早起床）。

（6）有犯罪感或无用感。

（7）无法解释的疼痛（甚至身体上没有任何毛病）。

（8）悲观或漠然（对现在和将来的任何事情都毫不关心）。

（9）有死亡或自杀的想法。

那么，抑郁症该怎样治疗呢？

心理专家认为，能否敞开心扉是抑郁症患者能否摆脱抑郁的关键。为什么抑郁症患者很难做到这一点？因为他们有某种心灵上的顾忌，他们不愿意承认自己有抑郁症，更别说积极主动地配合医生治疗。

其实，如果患者自觉，也可以运用自我暗示的方法来改善心理状态。

考研的成绩下来了，林鹏只差了一分，被清华大学拒之门外。当他得知这个消息的时候，心痛得说不出话来。这一年，他付出了太多的艰辛，最终却以这样的结局收场。他有些接受不了这个事实，接连几天，他的心情糟透了，甚至一度吃不下睡不着。

一个偶然的机会，林鹏接触了一个做心理咨询的朋友，知道了自我暗示静心的方法。想到自己的情绪越来越暴躁了，听说自我暗示可以改善情绪之后，林鹏真心诚意地请教朋友。

正好，林鹏一家租住的房子旁边有一个国家森林公园，学习了自我暗示的方法以后，林鹏经常早起去公园中静坐一会儿。在森林公园里，远离了闹市的喧嚣，空气特别清新，尤其是早晨，花花草草都羞涩地探出了小脑袋，小鸟的叫声都显得尤其清脆。林鹏喜欢在对着湖水的草地上静坐，依偎着大树，还能听到池塘中小鱼儿吐泡泡的声音，每当此时，他的心中都很安静、很踏实，那种感觉堪比住在依山傍水的别墅。如此坚持了一段时间以后，林鹏的心境变得越来越平和，他又找回了考试之前的信心。他坚信，在其他学校读研，只要努力学习，一样能学到真知识。

从这个故事中我们不难发现，让自己安静下来，学会自我暗示，是改善心理状态、提升自己的最好方法，它还能让我们看清自己，让我们放下昨天的压力，重新面对明天。

当然，如果抑郁的状态已经达到抑郁症的程度，还是应该寻求心理医生的帮助。然而，我们发现，很多抑郁者在患病后，会选择偷偷吃药而不会公开病情，因为他们对抑郁症的认识不足，将它误认为神经衰弱、精神分裂。而且，他们害怕大众会抱以冷眼或歧视，背后传播流言蜚语，让自己本已伤痕累累的心灵雪上加霜，因此不敢袒露自己的苦闷。

在治疗抑郁症的过程中，催眠师往往通过年龄倒退法帮助患者找到问题的根源，以便找到解决问题的方法。临床证明，这一方法对很多患者都起到了良好的疗效。所谓年龄倒退法，是催眠中进行精神分析的有效方法。年龄倒退有三种方式：逐渐的年龄倒退、间断的年龄倒退、跳跃的年龄倒退。

1.逐渐的年龄倒退法

在催眠状态下，先回忆去年所处年龄阶段的生活体验，去年的一些朋友、亲人、发生的事情，回忆起来后，让其体验一下当时的感觉，体验到了以后就可继续暗示——你现在就身临其境地在这样一个情境中，好，你现在就已到了这个年龄，你现在15岁（若患者今年16岁）。你现在感受一下你周围这些情境，你现在在做些什么，周围有些什么样的人，看看他们的样子。这样，患者就能比较成功地被倒退回去。然后逐年倒退或是逐月逐日倒退，找寻他的一些过去的经历，找出对其现在有影响的事件或情境。

2.间断的年龄倒退法

比如，患者在清醒状态下回忆到在10岁的时候曾遭遇过某重大事件，现在回忆起来都觉得很清晰、很害怕，受到很大的影响。那么，在催眠状态下，可直接通过暗示让他回到10岁的年龄阶段，令其身临其境地感受当时的事件正在发生在他的身上，体会到当时的感觉，然后用相应的分析和技巧解除他的这种不良体验和现在生活的联系。10岁倒退完后，也可直接跳到8岁或5岁，看看他在这个年龄阶段又发生了什么有影响的事件。

3.跳跃的年龄倒退法

在直接把患者倒退到幼小年龄如4岁、5岁后，再逐年上升6岁、7岁等。在其过去的成长过程中找到对现在生活有影响的事件。

4.年龄倒退的关键

先通过想象回忆出这个年龄段的一些情境事件，然后让其体验到这个情景，最后把这个情境变成他的真实的情境，也就是让他感受到自己现在就是在这个情境里面。

## 自我激励，成为梦想中的那个人

可能我们都听过一句话："谎言说一千次变成真理。"其实，这是心理暗示的作用。科学家指出：人是唯一能接受暗示的动物。暗示，是指人或环境以不明显的方式向人体发出某种信息，个体无意中受到这种信息的影响，并做出相应行动的心理现象。暗示是一种被主观意愿肯定了的假设，不一定有根据，但由于主观上已经肯定了它的存在，心理上便竭力趋于结果的内容。因此，每一个渴望成功的人都应该明白一点，你有什么样的期望，你就会有什么样的成就，这就是自我激励的作用。

同样，如果你正在为一件事努力，那么，如果你能给自己一些积极的暗示——我一定能成功，我一定能做到，那么，你便能化压力为动力，便会产生超越自我和他人的欲望，并将潜在的巨大的内驱力释放出来，进而获得成功。

事实上，许多人在自我激励的作用下，勤奋工作，逐步成长为独当一面的高才，毕竟人有70%的潜能是沉睡的。

对此，我们需要做到：

1.建立良好的心境和情绪

虽然我们不得不承认，我们与他人在很多方面的差距是与生俱来的，如长相、身材、家境等，但是，通过后天的努力，我们依然可以改变很多，如个人能力、阅历。生活中，一些人面对与他人的差距，会怨天尤人，但抱怨并不能改变这种差距。而你要缩小这种差距，甚至超越他人，就必须挖掘自己内心的力量——自信，设置与把握正确的人生目标，以及运用这些能量向着你所设定的目标努力，并采取一些具体的行为。而也只有这样，才能达到一种心理平衡。而且，这不仅仅是一种心理平衡，在富有耐心而坚毅的努力过程中，我们将逐渐显示自己的优势，超过别人，超过那些我们之前自以为不如他（她）的那些人。

2.真正执行你的创意，让其发挥价值

不管你的创意有多么好，如果你只是停留在“想”的阶段，那么，你永远都不会看到成果。

可能天下最无奈的一句话就是：我当时真该大胆地去做。我们生活的周围，也经常有人感叹：“如果我在那时开始那笔生意，早就发财了！”“我早就料到了，我好后悔当时没有做！”一个好创意，如果只是想想而已，没有被执行，真的会叫人叹息不已；如果真的彻底施行，则会带来无限的满足。

因此，我们也不难得出一点，对于我们自身来说，要获得希望，他人的激励是一个方面，而最重要的是我们需要从心底发出积极向上的声音。你只有相信自己，进行积极的自我暗示，你才能始终拥有向上的热情和奋斗的激情，你才能看到成功的曙光。

## 建立积极的自我意识

心理暗示的力量我们毋庸置疑。暗示只要写进了你的潜意识里，就会按照你的愿望一一实现。比如，如果你希望事情变糟糕，忧虑就会助你一臂之力。当然，没有人会希望事情变糟糕，而这就需要你往你的潜意识里注入健康积极的元素，以此来代替内心那些让你生病、痛苦、伤心、失望和焦虑的负面的内心独白。

我们千万不能小看了这些内心声音："我能……""我很……""我一定……"，它们能带给你力量，当你遇到一些困难的时候，只要你对自己说"我能……""我很……""我一定……"，你就能获得正能量，从而操控甚至是改变自己的人生。

我们不得不承认，自信的人都是勇者，成功也无不来源于自信。那么，信心从哪里来呢？没有天生的信心，只有不断培养的信心。成功者的自信来源于他们在内心建立的积极的自我意识，他们总是善于自我鼓励。

那么，我们该怎样自我激励，以获得信心呢？

1.跟自己比，不和别人比

爱迪生说："自信是成功的第一秘诀。自信心的树立，不在于和别人比较，而是拿自己的今天和昨天去比。”

爱迪生上小学时，有一次上劳作课，同学们都及时交了自己的手工作业，但直到第二天，爱迪生才慢吞吞地交给老师一个粗糙的小板凳，对此，老师的评价是：“我想世上不会再有比这更坏的小板凳了。”但对此，爱迪生的回答是：“有的。”然后他从课桌下面拿出两只小板凳，举起左手说：“这是我第一次做的。”又举起右手说：“这是我第二次做的。我刚才交的是第三次做的，虽然它不能使人满意，但是总算比这两只好多了。”

爱迪生的自信就是在和自己的比较中树立起来的。

现实生活中，大家都习惯了去和别人比较。山外有山，这样和别人比较下去是没有尽头的，在和别人的比较中，人们很容易失去自信，并被周围的环境牵着鼻子走，所以建立自信最关键的一步就是改变自己老是和别人比较的习惯。一旦意识到自己在和别人比较，就要提醒自己打住，这是个思维习惯的问题，经过一段时间的纠正肯定能够克服。

2.找到自信心的欠缺处

我们要意识到自己的信心在哪方面有所欠缺，只有找到这一点，才能更好地“查漏补缺”。比如，你是否对在工作中的压力感到力不从心，或者，当你与一个比你更有实力的伙伴合作时，你是否感到自卑？那么这种畏缩与自卑是从何而生的呢？我们必须对此进行认真的反思。

3.运用积极的自我暗示

首先是有根据的自我暗示。对于自己的优势，要不断地在心理上进行强化；对于自己的劣势，需要制订详细计划进行克服，相信这些劣势经过一段时间后会转变为优势。不管是现在拥有的优势还是经过一段时间能够转变为优势的劣势，都是实实在在的东西，看得见摸得着，这是自信的基础，是自信的根据。

另外一种是没有根据的自我暗示，即时刻提醒自己：我是世界上最棒的，我有实力，我有能力，我一定会成功。从现在开始，每天早晨起床时，晚上睡觉时，甚至随时随地对自己说上一遍激励自己的话，经过一段时间的积累后，一定会有效果的。

任何一个人，要想获得自信，就必须认识到一点，那就是真正的自信来自于我们的内心世界，源于我们的潜意识。改变我们的潜意识，从内心自我鼓励，这些将奠定我们自信的基础。

# 第08章

# 销售心理学：了解客户才能赢得客户

销售，是销售人员与客户之间心与心的互动交流。销售员不但要洞察客户的心理、了解客户的愿望，还需要掌握灵活的心理应对方式，从而赢得销售的成功。在销售过程中，不同的客户会有不同的心理，每一个客户在不同阶段也会产生不同的心理。

## 找出恐惧的原因，并战胜他们

美国行销大师罗杰·马尔腾说："恐惧足以摧残人的创造、冒险、大无畏的精神，它足以磨灭人们的个性，使人的精神机能逐渐软弱，大事业不是在恐惧的心情下所能完成的。"因此，销售员如果想完成推销工作、提高销售业绩，就必须摆正心态，克服恐惧心理，争取做到心无杂念，让自己彻底放松，时常鼓励自己，然后信心百倍地与客户沟通。因为，一个人最大的敌人，不是对手，而是自己。

笑笑是一名办公用品推销员，在给客户吴经理打电话之前，她已经作好了充分的准备：公司名称、经营范围、客户名称、公司规模等。

准备就绪后，笑笑心想："今天上午一定要联系到吴总，否则，被竞争对手抢先了，就不好办了。"笑笑知道吴经理每天下午都不在公司，所以，要想找到他，通常在上午打他办公室里的电话最好。

可是，就在打电话前，笑笑退缩了，她想了很多情况，一直快到11点，她想，自己无论如何是要给吴经理打电话的，否则今天上午就将一事无成了。她终于拨通了吴总的电话，然而，就在电话铃响的时候，她的心里还在想，如果吴总不喜欢自己该怎么办？如果吴总不愿意与自己见面又该怎么办……就在笑笑的心里暗自揣测的时候，吴总接听了电话。

笑笑急忙向吴总介绍自己，“吴总，您好，我是……我是××公司的销售员，我叫王笑笑，今天给您打电话主要是想介绍一下我们的产品……”介绍完产品后，笑笑出了一头汗。

听完介绍，吴经理表示，“现在已经有好几家厂家与我们联系了，而且我们已经与其中的几家厂家进行过一些合作，所以我们不打算再花费精力与其他厂家再谈这件事了”。

吴经理说完之后，笑笑心里又是一阵慌乱，她此刻早已将自己准备好的应对方案忘得一干二净！结果呢，与吴总的第一次交流就在草草的几句话之后结束，毫无疑问，销售也以失败告终！

很明显，情景中的销售员笑笑之所以失去这一次销售机会，就是因为她在与客户交谈中显得紧张、语无伦次。她的这一紧张表现，是因为她没有克服自己的恐惧心理。与客户交谈时，销售员越是慌乱、恐惧，就越容易导致销售的失败。

其实，要想与客户有效沟通、顺利成交，销售员就要作好被拒绝的心理准备，同时要积极寻找克服恐惧的方法。比如，销售员可以做到以下几点：

1.做足准备

做足准备是减轻恐惧感的最好方法。你需要对以下四个方面做足准备：见面第一句话跟客户说什么、客户会有什么疑问、你该如何回答这些疑问、如果客户拒绝你该怎么办等。

2.要会正面自我暗示

有些销售员在被客户拒绝以后，总是不断地在大脑中重复想被拒绝后对自己产生的不利影响，越是这样想，内心越是恐惧。即使遇到新的客户，销售员依然带着这种心理与之交谈，于是，恶性循环，生意始终做不好。其实，当遇到客户拒绝时，不要把这些事放在心上，要努力将其从自己的头脑中清除，并不断提醒自己，过去的失败并没有给自己造成任何损伤，它们给予自己的是十分宝贵的经验。

3.锻炼在众人面前说话的能力

通常情况下，人们在面对很多人的时候会表现得更为紧张和不安，因此，销售员不妨练习如何在众人面前自如地说话，交谈的内容可以轻松的话题为主，这样可以大大增加销售员与客户交流的勇气。

4.给自己难度，挑战自己

推销看似不可能销售出去的产品也是能让销售员克服恐惧的一种方法，比如，销售员可以选择一个时间，规定自己要向男士推销女士内衣，这看似不可能成功，但一旦成功了，销售员内心就会受到极大的鼓舞：推销看似不可能销售出去的产品我都有勇气进行下去，那么，在面对准客户时，还有什么不行的呢？

5.给自己加强推销任务

在销售行业，销售员的生存状况是直接和销售业绩联系在一起的，也就是说，销售员越努力，拿到订单越多，销售员的成就感就越强。为了消除恐惧感，销售员在努力完成自己销售任务的基础上，可以为自己安排额外的任务，即强制自己必须在单位时间内拜访一定的客户并取得一定的进展。比如，每天多拜访一到两名客户，多完成两三个订单。如有必要，也可以为自己设定一定的奖惩措施，这样不仅可以激励自己不断努力，也会对提高自己的销售业绩起到很大重要作用。

那些伟大的销售人员的共同特征是，他们无不对自己充满极大的信心，他们无不相信自己的力量，他们无不对自己的未来充满期待，但这并不代表他们内心世界没有怯弱，只是他们善于找出令自己恐惧的原因并战胜它们。这也是成功者与失败者之间最大的区别。

## 急于求成，会让客户产生厌烦情绪

我们都知道，销售人员与客户沟通，最终的目的都是成功销售产品。于是，有很多销售员一旦遇到沟通不顺的情况，就会显得急躁不安。实际上，销售员要明白，无论什么事，“心急吃不了热豆腐”，要讲究水到渠成，若把握不好时机，反而会让所有努力都白费。销售目的太明显、急于求成，都会让客户产生厌烦情绪，最终可能导致销售活动的失败。

小刘是一名保险推销员，他手头有个准客户杨先生，杨先生是创业成功的典型，几年前就在郊区买了一套独栋别墅。

有一天，杨先生和太太出门办事，让七岁的儿子自己在家玩，但回来的时候，他们发现孩子不见了，这可吓坏了杨先生和他太太。于是，两人分头去寻找，并且报了警。郊区本来就很大，找个小孩更是很难，但还好，警察和周围的一些居民也开始帮忙寻找。

就在杨氏夫妇快急疯了的时候，小刘来了，他认为，此时正是推销人身和财产保险的时候，于是他凑到杨先生跟前，开始推销他的保险。当时杨先生很生气，没好气地说：“拜托，等我把儿子找到再说好吗？”

谁知小刘看杨先生没有排斥，便开始喋喋不休，大谈保险的种种好处，还想让杨先生停下来听他讲。这下可把杨先生气坏了，他太太更是生气。杨先生忍无可忍地对小刘大吼：“你如果肯帮忙把我儿子找回来，那么保险业务的事情咱们日后找个时间再谈。但是，我警告你，你现在要是再跟我提什么见鬼的保险业务，就请你先滚出去！”

推销员小刘被客户杨先生说得面红耳赤，夹着公文包灰溜溜地走了。杨先生这才注意到，这个保险推销员名义上是来帮助自己找儿子，实际上是乘机来做推销，他越想越生气，等小刘走出去，他就狠狠地把门摔了一下。所幸，在大家的帮助下，杨氏夫妇找到了那调皮的儿子。

但是，因为此事，杨先生十分痛恨这个叫小刘的保险推销员。当他打听到小刘的底细后，借着自己在商界有一定的名声，他跟很多经理和老板打了招呼，绝不买小刘推销的保险，这下小刘的业绩可想而知了。

情景中的保险推销员小刘在销售行业有如此结果，就是因为他太心急了，不知道看情况做事。杨先生当时十万火急，小刘却不知深浅，一心推销保险，让杨先生很反感，可见，是小刘自己断送了自己的销售之路。相反，如果销售员小刘在客户丢失孩子的情况下细心地帮助杨先生找到孩子，客户一定心存感激，事后再商量保险的事，说不定结果会大大不同。

急功近利，行事冲动，是很多销售活动失败的重要原因。销售员一定要把握好销售中的分寸，要给客户足够的时间作决定。客户作买不买、买多少、何时买等购买决策时，都需要一定的时间，因为他们需要权衡各种因素，如产品特征、购买能力等，同时也会受到主观因素的影响，如心情好坏等。因此，作出购买决策是一个极其复杂的过程，并不是一蹴而就的。在这个时候，销售人员应该给顾客合理的考虑时间，并耐心等待顾客作出决定。

面对客户的推迟、拒绝甚至刁难，销售员在与客户交谈时如果想做到不慌乱、不着急，就必须放弃内心的消极心理，因为这些消极心理直接会导致销售员烦躁、不安。

那么，如何克服销售过程中焦躁不安的心理，让你的言谈更加理智、平和、有效呢?

1.心态平和、不骄不躁

俗话说得好，欲速则不达，销售也是一样。有时候，你越想给客户留下一个好印象，越想让客户尽快购买，内心越急躁，越是无法完美地表达自己的想法。但如果心态平和，把与自己交谈的客户当成自己的朋友，肯定会轻松得多。

2.有恒心，能坚持

“有志者、事竟成，破釜沉舟，百二秦关终属楚；苦心人、天不负，卧薪尝胆，三千越甲可吞吴。”

销售工作最需要的就是恒心和坚持，没有哪一次的销售工作一次就能成功，都需要不断坚持。在遭到客户的拒绝时，不要气馁，要给客户时间和机会来作决定，然后利用自己的口才去打动他们。销售员在观察到客户有欲购买的意向时，应立即抓住时机，然后一步一步让客户作出成交决定。

3.适时沉默，以静制动

俗话说：沉默是金。销售员在与客户交谈时，有时也需要沉默，因为，当你沉默时，客户会觉得你实在为难，无法答应他的要求，这样以静制动，你会取得较多的利益。要知道，口若悬河并不是真正的口才。

总之，“只要功夫深，铁杵磨成针”，这个道理每个人都知道。销售员成功推销出去产品也不是一蹴而就的，凡是销售，都会有被拒绝的时候。对于客户的拒绝、刁难，销售员应戒骄戒躁，以一种平和的心去与客户沟通。

## 有的放矢，利用客户的好胜心理

销售过程中，我们经常遇到这类客户，他们性格外向、好胜冲动，但在最终购买时则总是拿不定注意，他们总是看周围的人采取什么措施，不过，这类客户经常会因为销售人员的激将法而最终拿定主意购买。其实，对于这类客户，销售员只要稍微采取一点小“手段”，就很容易搞定。可以说，巧妙地利用好胜冲动之人的心理特点，有的放矢，是销售成功的一个基本保证。

小莉是一家商场女鞋某专柜的销售人员，一天，有位年轻时尚的小姐一边打电话一边走过来，小莉细心听了下：“怎么可能，以我赵倩在公司的地位，就这点小事我办不到？你就等着看吧！”根据多年的看人经验，小莉判断出这位女顾客应该是个冲动好胜型的人。

过了一会儿，这位女顾客结束了电话，把手机放到包里，眼光停在了货柜上的一款新式皮鞋上。但她只是站在柜台前反反复复地看，问一些无关紧要的问题。很明显，她很喜欢这款新式皮鞋，但又因为价格太贵而犹豫不决。

小莉当然捕捉到了她的这种心理，于是上前问道：“如果这双鞋的价格不能令您满意，您是否愿意再看看别的？”

没想到，听了售货员的话后，这位女顾客表情坚定地买下了这双皮鞋。

案例中的女售货员小莉是个聪明的销售人员，她的问话看似很简单，其实藏有很深的奥妙。从女顾客的电话中，她判断出女顾客应该是个好胜冲动的人，所以，当她发现女顾客因为价格的问题而犹豫时，她便采用激将法激发了这位女顾客的好胜心，继而成功地销售出了这双皮鞋。

不过，使用激将法刺激这类客户的好胜心，其实是存在风险的，因为一不小心就可能踩到客户的雷区，让客户的自尊心受到伤害。因此，销售员使用这种方法时，一定要把握好分寸，别弄得适得其反。

销售员在使用激将法时，需要注意以下几点：

1.大庭广众下，客户更容易束手就擒

这类客户害怕失面子的这种心理，在人多的时候体现得尤为明显。谁也不想让自己在众目睽睽之下丢了面子。因此，在人多的场合，销售员不妨用激将法来对付那些过于挑剔的客户，让他们在不情愿和不乐意的情况下，一边嘴里说着不好，一边掏钱购买。

2.尊重客户，不能伤害到客户的感情

在上例中，如果售货员对那位犹豫不决的小姐说：“要买就买，买不起就别看了，看你这身穿着也不像能买得起的人。”那么，恐怕那位小姐不仅不会购买，还会与销售员理论一番，因为销售员的话，明显伤害了客户的自尊心，这与激发客户的好胜心的效果完全相反。

现实销售中，有些销售员采用贬低、瞧不起的口气去激发客户的好胜心，很明显，这是不对的，往往只能收到事与愿违的效果。

3.激将法的目的是让客户摆脱犹豫，但要注意陷阱

曾经有位推销员去一家纺织厂推销名牌毛衣。这家纺织厂基本上都是女工，女人都比较爱美，于是，一群工人围过来看，其中有个很爱说话的女孩子一摸这毛衣，就说质量很差，并且价格太贵了。没想到这位推销员好像不怎么会说话，挖苦那个女孩说："看您穿这身衣服，就知道是买地摊货的人，恐怕一件卖给你10块，你都买不起！"这个女孩平时大大咧咧，但这时，自尊心确实被伤到了。于是，她对周围的姐妹们说："你们做证，他卖我10块一件，我全包了！"销售员一听，只好灰溜溜地跑了。

销售员挖苦客户，结果"搬起石头砸了自己的脚"，让自己下不来台。恐怕这位销售员在那个工厂再也没有市场了，他的这种做法实在是不计后果，以致把自己以后的推销之路全部堵死了。

所以，激将法的使用也是存在很大的风险的，弄巧成拙是常有的事，因此，销售员一定要注意自己的态度，不要伤及客户的面子和自尊。

## 善于观察，巧妙打消顾客的疑虑

销售过程中，很多销售员反映："为什么我们总是摸不清楚客户在想什么？客户为什么就是不购买呢？"的确，无法摸清客户在想什么，是无法打动客户的。然而，现实销售中，很多销售员忽视了这一点，他们只顾着将自己的目光盯在所推销的产品上，而无数的事实证明这样错了。作为销售员，你若善于察言观色，并能找到客户的顾虑然后加以解决，是能实现成功销售的。

一天上午，某汽车4S店来了一位打扮不入时的先生。店内的推销人员对这位先生打了招呼："先生您好，我是这家4S店的销售员陈玲，很高兴为您服务。"为了不打扰顾客看车，作完自我介绍后的她就在一旁观看，并未出声。

就这样，这位先生一个人在店内转悠，一会儿说这辆车车价太高，一会儿又说那辆款式不漂亮。看到一旁的陈玲，他说："我今天只是随便看看，没有带现金。"

"先生，没有问题的。我和您一样，有很多次也忘了带。谁也不会身上随时带着很多现金，您尽量看，有什么问题可以尽量问我。"

“好的，谢谢你。”

这时，陈玲观察到客户有种脱离困境、如释重负的感觉。陈玲想：他是真的没带钱，还是没有购买能力呢？于是，针对这个问题，陈玲决定大胆地试探一下顾客。

“先生，您有中意的车吗？”

“那辆奥迪不错。”

“是的，您的眼光不错，这辆车最近卖得很好。”

“是吗？可是，能分期付款吗？”这下子，陈玲明白了，原来顾客是担心价格和付款方式问题。于是陈玲说：“当然可以，你现在就可以与我们签约。事实上，您不需要带一分钱，因为您的承诺比世界上所有的钱更有价值。”

接着，陈玲递了上订单：“就在这儿签名，行吗？”等他签完后，陈玲再次强调说，“您给我的第一印象很好，我知道，您不会让我失望的。”

结果确实没令她失望，第二天，这位顾客就带来首付提走了那辆车。

这则销售案例中，销售员陈玲之所以能轻松推销出去这辆车，是因为她和其他销售员不同，面对打扮不入时的客户，她还是愿意一试。并且，最可贵的是，她敢于主动试探顾客，从而让客户自己道出了购买的顾虑——希望分期付款。的确，客户的购买能力是决定客户能否完成购买的关键因素之一，客户没有经济实力，即使他们的需求再强烈，也不会购买。

当然，除了购买力之外，顾客的顾虑还有很多，如自身的需求、自身的信誉状况、支付方式等。

那么，我们该怎样发现客户真正的需求呢？

1.善于观察客户的一举一动

在面对客户时，销售员要善于观察客户的一举一动，并从中了解到客户的的身份、出价水平和购买商品的意向。通过对这些问题的分析，销售员能大致猜测出客户的顾虑。

2.积极地发问

在猜测到了客户可能存在的某些疑虑以后，销售人员可以主动发问，以此来确定自己的疑虑，只有这样，才能抓住时机，然后步步深入，逐步打消客户的顾虑。

初次沟通的时候，出于防备心理，客户可能有意隐瞒自己的想法，如自己的喜好、购买能力以及真实需求等方面，然而，这些都是我们在销售活动开始时就要了解到重要信息。因此，我们在以提问法探明这些信息的时候，一定要注意方式，最好以温婉探问的方式，尽量在悄声无息中了解，否则，很容易让客户产生反感的情绪，最终拒绝你的推销。

3.认同顾客顾虑的合理性

和案例中销售员一样，如果你能认同顾客的顾虑、表达同理心，会让顾客觉得你是在为他考虑，这样就能争取到顾客的心理支持，继而拉近和顾客间的距离，从而为我们接下来的说服工作奠定基础。

总之，销售员在与潜在客户沟通的时候，只要善于观察、巧妙探寻、积极提问，便能了解客户的某些隐秘信息和顾虑。但我们一定要注意自己的言行，太过直接、明朗会引起客户的负面情绪！

## 以退为进，先解除对方的警惕之心

销售过程中，有些销售员使出了浑身解数、费尽口舌劝说客户购买，却始终无法与客户达成共识、让客户购买。实际上，这样步步紧逼只会让客户感受到压力，而一个人承受压力的程度是有限的，过多的压力会让客户心生反感而放弃和你的沟通。相反，我们若能从客户的心理角度出发，当双方僵持不下的时候。从反面着手——以退为进，先让客户暂时获利或暂时对他们淡漠，解除他们的反感和警惕之心，那么，成功推销出产品会变得顺利得多！

莉莉是某商场珠宝专柜的销售员。

五一那天，商场所有产品都参与打折活动，莉莉的专柜也是如此。因此，客户特别多，而莉莉也和其他销售员一样，忙前忙后的。但忙碌中的莉莉还是注意到了一位青年男士，虽然衣着名贵，却在一款比较普通的对戒旁驻足了，他向柜台销售员问询了很多关于这款戒指的知识，但就是不购买。这时候，莉莉决定主动采取点措施，促成购买。

莉莉：“先生，请问您购买戒指是自己戴呢，还是送人？”

顾客：“想送我未婚妻。”

莉莉：“原来是婚戒啊，祝您生活幸福。是这样的，我们的戒指做工都非常好，就是价格稍微有点高，你不会因为这个原因犹豫不决吧？”

这位青年满脸通红，说：“怎么可能呢，这点小钱，我根本就不会在乎！”

莉莉接着说：“但是凭我的感觉，我敢和你打赌，你今天是不可能购买我们的戒指的对吗？”

这位青年笑着说：“你还别激我，我今天就当着大家的面，买给你看。”可是，等他把钱包拿出来的时候，一脸的尴尬。

莉莉接着说：“你空着两只手，拿什么买我们的产品啊？就会吹牛。”

这时，这位青年终于从钱包里拿出了“家当”——一张卡，说：“谁说没钱就不能买啊，你看好了，我现在刷卡了。”说完，问莉莉要过了刷卡机，顺利地完成了消费。

莉莉赔着笑脸说：“看来我今天真是看走眼了。”

青年瞪了一眼说：“小姐，别把人看扁了。”说完头也不回地走了。

莉莉露出了开心的微笑。

案例中，销售员莉莉之所以成功将戒指推销给原本犹豫不决的顾客，就是因为她运用逆向思维，认识到正面劝说客户未必成功这一点，进而从反面着手，刺激客户敏感的神经，从而让他在跟自己赌气的过程中完成购买。

那么，在具体的销售过程中，销售员该如何运用这种以退为进的心理策略呢?

1.适当说点刺激客户的话

使用这种方法有一定的危险性，很容易伤害客户的自尊心，让客户选择放弃购买，这就要求我们对客户是否对产品有强烈的购买欲望作出正确的评估。比如，当你看见有顾客看上橱窗的商品、却因为价钱犹疑不定的时候，你不妨说："您要是觉得价格贵而不能承受的话，我们这里还有价格稍微低一点的。"当客户听到这样的话的时候，一时兴起，一般都会排除顾虑，买下商品。

2.限量销售

商家或销售员都希望产品卖得越多越好，为什么还要限量销售呢?这是因为物以稀为贵，人性就是这样，越是得不到的东西就越觉得珍贵，只有在他想买的时候买不到的，他才会想尽办法去买。

所谓限量销售，指主要通过控制日销售的产品量或产品总量来诱惑消费者，从而提高产品知名度和受欢迎程度的一种方法。

上海有一家腊味商店，出售的是全手工制作的各种腊味，货真价实，风味独特，很受顾客的欢迎。但这家店有一个规矩，就是每天限量生产，卖完之后就不再销售了。哪怕顾客强烈要求做一些，也不做了。

当有顾客问老板为什么时，老板回答："店里人手不够，若是做多就保证不了质量了。请您见谅。"

因此，销售人员想要打开高质量产品的销路，有时也需要动一番脑筋。但在使用欲擒故纵这一技巧的时候，销售人员一定要要注意语气，不要显得不可一世，否则会激怒客户，导致生意失败；要不动声色，这样，即使是计谋，也不会被客户察觉，这样才更有把握达成交易。

## 善于站在客户的角度说话

现实的销售活动中，与陌生客户交谈时，如果我们一味地推销，很容易使客户产生抵触情绪，而如果我们能站在客户的角度说话，善加引导，打开客户的心扉，让其对我们一吐为快，那么，不仅有利于了解其内心真实想法，还有利于拉近和客户在心理上的距离，让他更容易接受你的劝说，从而获得销售上的成功。

推销大师乔·吉拉德有这样一次推销经历：

有一天，乔·吉拉德的车行来了一对夫妇，乔立即迎出来接待他们。在判断出了客户的心理后，乔准备试探一下。

"你们知道吗？我跟我太太也和你们两位一样。"

"一样？是吗？应该不会吧？"他们说。很明显，他们产生了兴趣。

乔·吉拉德说："我们家每次在准备添置某些大件之前，我都要和太太谋划半天，常常是思虑再三，生怕买了不好的产品，花了冤枉钱，怕自己对产品了解得不够而上了推销员的当。也正因为我知道消费者在购买产品时有这一担心，我在做销售时，从不让我的客户感受到任何强迫，我要给客户充分考虑的时间。说实话，如果不这样，我宁可不和你们做生意。当然，请别误会，我真的很想同你们合作，但对我来说，更重要的是，你们在离开时能够有一种好心情、好感觉。”

“先生，很高兴你您能这么想，谁说不是呢！谁都希望买到放心的产品。不错，我们从不向那种企图强求的推销员购买任何东西。”那对夫妇说。

乔·吉拉德接着说：“讲得对，我很高兴听你们这样讲。我请求两位花点时间，好好想一想。要是需要我的话，请叫我一声，我随时恭候。”然后，乔·吉拉德就回到他自己的办公室，静静地等待。

当然，乔·吉拉德知道“想一想”的含义对他们来说不会仅仅是几分钟，而可能是好几天，而他绝不能放走这么好的机会。于是，10多分钟后，乔·吉拉德回来，若无其事地对他们说：“我有一些好消息要告诉两位，我刚刚得知我们的服务部最迟今天下午就能把你们的车预备好。”

“我们想明天再来。”

“明天？”乔·吉拉德笑了笑，“今天能做的事最好不要拖到明天，如果你们确实拿不定主意，可以多方面考虑考虑。我看两位都是利索的人，很快就会下决定的，对不对？”

他们夫妇二人也的确是当即拍了板，“好吧，我们现在就买了。”

可见，推托是人的普遍特征，在销售过程中，推销员经常会遇到客户推托的情况，如果缺乏沟通技巧，推销成功的机会就会变得非常渺茫；而如果能和乔一样巧妙地引导，就会有所斩获。

那么，我们该如何站在客户的角度换位思考呢？

1.从关心客户需求入手

现实销售中，一些销售人员完全站在自己的立场上考虑问题，希望一股脑儿地把有关自己所推销产品的信息迅速灌输到客户的头脑当中，却根本不考虑客户是否对这些信息感兴趣。这些销售员，几乎从刚一张嘴就为自己的失败埋下了种子。要知道，实现与客户互动的关键是要找到彼此间的共同话题，这就要求销售人员首先要从关心客户的需求入手。

对于客户的实际需求，销售人员需要在沟通之前就加以认真分析，以便准确把握客户最强烈的需要，然后从客户需求出发，寻找共同话题。

2.多询问客户的意见

销售过程中，询问可以更好地控制谈话的进程，更大程度地调动客户的兴趣和积极性。并且，询问往往可以使销售员得到更多的信息，这些信息都会对促成交易有利。

当销售员向客户解释一段后，就应该向客户进行询问，看他可能听进去了多少、听明白了多少，他的看法如何。这时，销售员应该问：“关于这一点，你清楚了吗？”或者：“您觉得怎么样？”这样就给客户提供了一个说明他的想法的机会。

3.本着为客户考虑的本意

现实销售中，很多销售员表现出来的是为了销售而销售，这无疑会加重客户的种种疑虑，使之不愿购买。而客户只有在认为现在作出成交决定可以获得最大利益的前提下才会真正决定成交。所以，销售人员要更多地站在客户的立场上考虑问题，要让客户明白你是在诚心诚意地替他们着想。

# 第 09 章

# 职场心理学：打造办公室交际高手

职场中，我们经常可以看见，许多人拥有好口才、能说会道，或是具备良好的工作能力，或是拥有高学历，看起来拥有很多优势，然而，他们在工作中没办法获得领导的肯定，也没办法拥有好人缘。实际上，他们最大的问题就在于不懂职场心理学。

## 懂得自我调节，不做职场倦鸟

每天清晨起来，照镜子时，你的脸上还有和刚参加工作时一样的微笑吗？你是不是从某天起，总是希望周末赶紧到来？你睡觉前是不是恨不得第二天生个小病，这样就不用去上班了？你是不是觉得这份工作除了那点薪水让你激动外，你已经提不起半点兴趣了？你已经成为职场“倦鸟”！

在网络上曾经有个被网友广为流传的帖子，内容是这样的：

“你最痛苦的事情是什么？”

“加班。”

“比加班更痛苦的事呢？”

“天天加班。”

“比天天加班更痛苦的呢？”

“义务加班。”

为什么这段话能受到网友们的热捧？很明显，因为它真切地传达了很多人内心对工作的情绪，如果你也对这种情绪感到似曾相识，那么，这表明“倦怠情绪”正在你的身体中蔓延——“被传染者”会无心工作，没有了向心力的团队更如同一盘散沙。因此，企业和个人及时跳出职业倦怠的泥沼至关重要。

前些年，国内某知名人力资源网站开展的《2008中国职场人士工作倦怠现状调查》显示，74.6%的职场人产生了工作倦怠。

小夏是一家知名化妆品公司的员工。在大多数人的眼里，她是一个幸运儿——目前从事的化妆品市场推广工作，既和自己的专业对口，又与自己的兴趣相投。她已经在这个公司工作了整整七年。

七年来，小夏并没有升职。目前的她觉得工作越来越没劲。她无奈地说：“我每天都不想上班，就想着只要不出错就万事大吉了。虽说我也曾为了能实现自己的梦想付出了很多，但现在那种职业的成就感已经没有了。”

小夏的情况在不少职场白领中较为普遍，这就是人们通称的“职业倦怠”。对此，你不妨先为自己作一番诊断，看看是否正在倦怠中。

（1）对工作开始缺乏热情，注意力不集中，对上级交代的任务提不起兴趣，工作时间延长，同样的工作需要花费更多的时间。

（2）经常会出现头痛、胃痛、肌肉酸痛等一些症状。

（3）开始莫名其妙地猜疑一些事情，如老怀疑自己生病了，不停地去看医生。

（4）食欲不振、失眠。

（5）在工作中情绪不稳定，对人际关系敏感，遇事容易着急，一着急又容易发火。

以上五个选项，如果你拥有三种以上的症状，就要警惕了，你很可能已经成为一只可怜的职场“倦鸟”。

那么，如何才能解除这种职场倦怠感呢？

1.科学规划职业生涯

先了解自己的特长、优点等，这样，你才能寻找到适合自己的工作，并在工作中寻找到成就感和满足感；另外，你的职业前景也会变得明朗、开阔起来。

2.作好时间管理，让工作更有条理

养成制订工作日程表的习惯，然后考虑哪些条目可以完全放弃，哪些可以委托他人或与他人合作完成，尽量使工作时间缩短、工作效率提高、成就感增强。

3.端正自己的心态

你要明白的是，工作并非只为了获得每月定时发放的工资，还是一种自我价值与社会价值的实现过程，因此，我们每天都要带着感恩、阳光的心态去工作。

4.与你的同事、上司搞好关系

在工作中，你与上司、同事的关系如何，直接关系到你在工作中的心情、工作效率等各个方面。

随着社会的变革转型，就业压力不断增大；企业求创新突围，也给管理者、员工带来一定的压力，由此，职场倦鸟应运而生，且已经成为影响工作效率的头号敌人。对于企业及其管理者以及我们自身来说，懂得如何防治职业倦怠，在当前尤其重要。

## 尽力而为，哪怕结果不如期

美国联邦快递创始人史密斯曾提出：一件事经过深思熟虑，结果却失败了，这并不可耻。这就是心理学上的史密斯论断。的确，工作中，我们每个人都要做到尽力而为，哪怕结果并不如我们所想象的。我们先来看下面一个故事：

1968年的奥运会是在墨西哥举行的。在男子马拉松比赛场地，发生了这样一件事：

发令枪声在4小时前已经响过，所有获奖的选手早已跑到终点、拿到了奖牌，连庆祝的典礼都结束了，但在赛场上，仍有一个孤独的身影，那就是坦桑尼亚的选手艾哈瓦里。此时，很多观众已经离去了，他双腿缠满绷带，但仍在缓慢地迈向终点。

这一切都被纪录片制作人格林斯潘看在了眼里。他很好奇，是什么驱使这样一个年轻人这样做。于是，他走过去问艾哈瓦里："你在比赛途中受了伤，完全有理由放弃比赛，为什么还要这么吃力地跑至终点？"

艾哈瓦里回答说："我代表我的祖国来参加奥运会，不是来参加比赛，而是来完成比赛的。”

从此，在奥运会的历史上，虽然艾哈瓦里没有获得任何名次，但他的名字比冠军更响亮。

故事中的艾哈瓦里没有获得任何名次，为什么人们却记住了他？因为他的坚持！作为一个奥运会选手，艾哈瓦里身上担的是他的祖国、他的人民赋予的责任。比赛中，即使遇到再大困难，他也要坚持跑到终点，只有这样，才是对人民、国家负责。

身处职场，我们也应有艾哈瓦里的精神。无论上级交给我们什么任务，我们都要全力以赴、坚持到底。艾森豪威尔说：“在这个世界，没有什么比‘坚持’对成功的意义更大。”然而，生活中，我们不难发现，一些人在刚开始从事某项工作时，他们会满怀激情，希望可以一展拳脚，做出一番成绩来。但现实告诉他们，必须从最基础的工作做起，于是，他们按捺不住了，开始变得心浮气躁了。他们不知道成功需要坚持。那些看起来平凡的、不起眼的工作，只要我们能坚持不懈地去做，这种持续的力量就能帮助我们获得事业的成功。

某个大雪纷飞的一天，一场战斗正在进行中。在这场战斗中，发生了这样一个故事：

一名将士带着自己仅剩的几名士兵继续守护自己的城市，但不幸的是，他很快得到消息，敌军马上就要来攻打这座城市，而凭他们的实力，是撑不了多久的，为此，他决定派一名信得过的士兵去另外一座城市求援。在接到命令后，这位士兵马不停蹄地赶往另一座城市。

在半路上，士兵遇到了一个难题，天马上要黑了，温度也降了很多，前面的湖面一个人都没有，船家都回去了，他只得在这里等候，看看有没有出没的船只。

天真的黑了下来，这个士兵很害怕，瑟瑟的风吹着，他冷得缩成了一团，天又开始下雪了，还越下越大，他暗暗祈求：上天啊，求你再让我活一分钟，求你让我再活一分钟！当他就快撑不住的时候，他看到，天亮了。

他牵着马来到河边，眼前的景象让他欣喜若狂，那条原本阻碍他的湖已经结成了冰。他试着在河面上走了几步，发现冰冻得非常结实，他完全可以从上面走过去。士兵牵着马从上面轻松地走过了湖面。城市就这样得救了，因为士兵的忍耐和等待。

故事中的这名军人令人敬佩，他忍受了旁人所难以忍受的寒冷，经受住各种考验，最终，他以超强的意志力战胜了寒冷和绝望，拯救了自己，也拯救了人民。

也许现在的你可能正在从事一项烦琐的工作，你感受到了前所未有的压力，感到自己前途渺茫，但请你记住，这才是人生的精彩之处。然而，如果一个人的一生太幸运、太安逸，他就远离了压力的考验，反而会变得毫无追求。当工作中出现了压力时，你应该告诉自己："感谢生命之中的压力，这是生活对我的挑战和考验。这是上天催促我努力学习、积极工作、奋发向上的动力。"换个角度去看问题，改变态度，压力也会很快减轻。

一个人要想获得幸福，每一天都应该勤奋工作，付出不亚于任何人的努力。只要坚持，就一定能够获得不可思议的成就。

## 自我实现预言，让信念变现实

心理学上有个著名的定律叫“自我实现预言”，又称为“皮格马利翁效应”，它是由美国社会学家罗伯墨顿根据社会学家汤玛斯的情境定理（如果假设情境为真实，其结果也将成为事实）修改后所提出的。

其实，自我实现预言在生活中十分常见，例如，在一个班级中，对于那些成绩差的学生，如果老师听之任之，那么，他们也会认为老师放弃了自己，进而自暴自弃，以致成绩越来越差。

当然，自我实现预言也可以作为一种技巧被应用到社会的某些方面。国外有一种治疗癌症的独特心理治疗法，称作“内观想象疗法”。这种心理治疗方法，是让病人想象自己的白血球正在不断地击败入侵的癌细胞。有的患者靠这种方法使病情得到控制。想象白血球正在不断地击败入侵的癌细胞，这是病人对自己抗病能力的一种期待。这种期待会调动肌体对病毒的抵抗潜能，而事实上，白血球并没有击败入侵的癌细胞。

自我实现预言很多时候是不自觉的行为，这里，我们可以看出自我暗示的强大力量。

“自我实现预言”是中性的，关键在于信心，如果你相信事情会朝乐观的方向发展，相信事情成功的机会比较大，那么事情就会朝成功和乐观的方向发展。

现代社会中的每个人，离开学校后，都必须进入职场、参加工作，这是实现自我价值的一个重要方法。在你的职场生涯规划中，个人信心是至关重要的，而信心的展现就在自我实现预言上，尤其在充满不确定性的当代社会，人心脆弱，这种环境下，保持对社会和自己的信心和凝聚力就显得更加重要。如果一个人如果老是觉得自己无论做什么事情都会失败，这个人通常真的比较容易失败。反过来说，如果一个人对自己有信心，目标清楚，手段明确，最后往往比较容易成功。

因此，根据自我实现预言，我们应该明白的是，保持乐观的心态，相信自己能在职场有所作为，相信自己能在竞争中脱颖而出，那么，最终你必定能成为一个真正有所作为的职场人士。因为自我实现预言将会在人的心中生根发芽。

自我实现预言指事件一开始时的一个虚假的情境定义引发了新的行动，因而使原本虚假的东西变成了真实的。或者反过来说，原来真实的东西也有可能变成虚假的，即“自我失败”。也就是说，你原本预期的是什么，结果就会受到你的预期影响而成真。

# 巧妙地将功劳让出去

奥狄思法则是由美国谈判专家J·S·奥狄思提出的，指的是在每一次谈判中都应该准备向对方让步，哪怕这种让步使自己痛苦。在职场生涯中，我们在对与客户进行谈判的时候，应该遵循这一规则；此外，在职场中，我们也可以巧妙地运用“将功劳让出去”这一心理技巧。

很多时候，我们在职场中总是听到这样的声音：为什么我这么优秀的能力却得不到上司的器重呢？俗话说：“千里马需要伯乐。”在工作中，每个人都希望自己的上司能够成为自己的伯乐，成为自己职场发展的贵人。事实上，千里马与伯乐的关系是相对的，千里马需要伯乐，伯乐更需要千里马。而在工作中，上司与下属之间的关系实际上是一种利益双赢的关系。换句话说，你要想上司成为你职场发展的贵人，那么，首先你要成为上司的贵人，通过你的能力和贡献为上司谋取利益。在这样的基础之上，上司才会意识到你的重要性而成为你的贵人，并且为你的职场发展铺平道路。

那么，你在实际工作中，如何有效地把自己功劳归功于上司，赢得上司的信任呢？这就需要掌握一些技巧与方法，因为并不是所有的上司都是心胸宽广之人，他们有可能只是利用你来使自己登上成功的宝座。所以，你也要随时提防你的上司，确保自己的安全性。

1.在工作报告上署上上司和你的名字

当你完成了一件工作，需要拟写一个工作报告并上交给上级领导。其实，在拟写工作报告的过程中，你可以巧妙地把自己的功劳归功于上司。你不妨把上司和你的名字一起署在上面，当然，这里也要讲究技巧，那就是把上司的名字写在前面而自己的名字紧跟其后。这样就照顾了上司的面子，给上司的感觉就是那是他自己的功劳。这样一种做法可以使得上司因为霸功而对你产生一种愧疚感，无形之中就提升了自己在上司心中的地位。而且，你可以借助上司的交际范围，赢得一些接触公司高层的机会，并且利用和公司高层直接对话的机会多提对公司发展有价值的建议，从而为自己创造发展的机遇。

小华在一家刚成立的咨询公司做大客户营销，他是个刚刚踏出校门的小伙子，有一种"初生牛犊不怕虎"的劲头。来到公司上班仅仅三个月，他就被提升为上司的得力助手，成为上司最器重的员工。小华在职场上的成功并不仅仅靠自己的能力，更重要的是他懂得如何与上司相处。

有一次，他灵机一动，把汇报到老板那里的工作报告同时署上了自己上司和自己的名字。这样一来，小华辛辛苦苦做成的客户，变成了上司的业绩；而自己的顶头上司则凭着骄人的工作业绩被提升为客户总监。小华听公司的同事说，在小华进公司前，上司的业绩平平，而当自己进来以后，业绩突飞猛进。因此，当上司被提升为客户总监时，他也没有忘记小华，小华马上从一位普通的员工升职为营销经理。

小华发现，只要把自己功劳归功于上司，既能为上司谋取利益，也能使自己在职场中平步青云，这又何乐而不为呢？

将工作报告，业绩以你上司的名义和你的名义报告给上级领导，自然是上司更能引起领导的关注和重视。当你有了一些好的建议或者想法，你也可以借助于上司的渠道报告上去，这样，既为上司赢得了荣誉，也证明了自己的价值。而当上司因为你的功劳而飞黄腾达的时候，他也会牢记你的功劳，帮助你提升职位，并把你视为他的得力干将，以便日后还能有这样的机会助他一臂之力。

2.主动为上司分担工作

作为领导，上司每天所面临的工作纷繁复杂，如一些比较棘手的项目、繁杂的工作报告。因此，你不妨主动提出为上司分担一部分工作，在你工作之余，给他拟写一个可行性的项目报告，及时送进他办公室。那些对于上司来说很头疼的工作任务，你不妨主动请缨，并且力争圆满完成工作任务，让上司坐享荣誉。而因为你从不去抢上司的功劳，且总是把自己的成绩归功于上司，所以必然会赢得上司的青睐。时间长了，上司就会日渐感到你的重要性，甚至把你当成他的左膀右臂，那么，随着上司的高升，嘉奖、晋升自然也少不了你的一份。

这样的方法自然是个绝对的好办法，上司面对强大的工作压力，也需要向下属“借力”。如果你能在上司开口之前主动提出为其分担一部分的工作，那么，你这个得力助手一定能让他省力不少。而你自己也能凭着上司对自己的信任、器重，更好地发展自己的职场生涯。

3.为自己留一个筹码

当然，并不是每一个领导都是心胸开阔的人，有些领导是极端自私自利的人。因为，当你把自己的功劳和荣耀归功于上司的时候，对你而言，是作出了一定的牺牲，可对上司而言，很多时候仅仅是锦上添花。当你没有了一定的价值，这种上司就可能很快把你忘记，同时忘了你所作出的贡献，他们为了掩盖自己的无能或者自己恶劣的行为，有时候甚至会要计策把你开除或者逼迫你辞职。因此，在你把自己的功劳归于上司的同时，也要为自己留一个筹码，加大自己在上司心中的价值，让上司和你成为一条线上的共同奋斗者。

也许，很多人认为只要认真工作就是为上司谋得利益，其实，并没有这么简单。上司是一个管理者，是措施的决定者，而下属是工作的执行者，这样的一种关系使得很多工作都是由下属去完成，而上司只是起了监督、协调的作用。因此，当你成功地完成一件工作、上司对你进行赞赏的时候，这时候你不妨巧妙地把自己的荣耀归功于自己的上司。卓越的上司会把功劳归功于自己的下属，而聪明的下属也应该把荣耀归功于自己的上司。

当上司顶着耀眼光环面对上级领导的赞扬时，他不会忘记你的功劳。他会更加地信任你、器重你，他希望你为他谋取更多的利益；而你则希望他为你的职场发展铺平道路。这样一种双赢的利益关系，也会使你们之间的沟通更加顺畅。

## 每天对工作抱着热忱的态度

美国自然科学家、作家杜利奥提出："没有什么比失去热忱更使人觉得垂垂老矣，精神状态不佳，一切都将处于不佳状态。"这个定理被称为杜利奥定理。我们应该明白，在工作中主动远远优于被动。那如何让自己去主动工作呢？假如内向者将热情投入自己的工作之中，那他是否会主动呢？威廉·费尔波，是耶鲁最著名而且深受欢迎的教授之一，他非常热爱自己的工作，曾经这样谈起自己的工作："对我来说，教书凌驾于一切技术或职业之上。如果有热忱这回事，这就是热忱了。我的爱好是教书，正如画家的爱好是绘画，歌手的爱好是唱歌，诗人的爱好是写诗。每天起床之前，我都会兴奋地想着有关学生的事……人的一生之所以能够成功，最重要的因素是对自己每天的工作抱着热忱的态度。"

同样一份工作，由不同人来干，效果是截然不同的。如果一个人热爱自己的工作，他会让自己变得十分有活力，把工作干得有声有色，创造出许多辉煌的成绩；而他若不热爱自己的工作，则会让自己变得懒散，对工作冷漠处之，当然就不会有什么发明创造，也会阻碍其潜在能力的发挥。

对职员而言，你不关心别人，别人也不会关心你；你自己垂头丧气，别人自然对你丧失信心。当你成为这个职业群里一个容易被忽视的人，则无异于你已被取消了继续从事这份工作的资格。

1.认真对待自己的本职工作

有人曾作过一项调查：在现实的工作中，有82%的人把工作当作苦役，迫不及待地想要挣脱工作的枷锁。剩下的18%也并不是都喜欢工作的，大多数人抱着一种无所谓的态度，只有少数的2%的员工，是真心为工作付出全部热情，当然，这少数的职员才是公司里真正的精英。当人们在工作中遭遇挫折或失败的时候，总喜欢以外界的理由去为自己开脱，如竞争太过激烈等，他们很少会仔细地审视一下自己是否热爱自己的本职工作。如果只是无精打采地上班、磨磨蹭蹭去工作，那只会让老板下定辞退你的决心。

2.从不放弃自己的本职工作

乔·吉拉德就是一位混身的细胞都充满活力的人，由于活力四射，他很快就成为全美汽车销售冠军。他曾感叹说："我从事销售工作多年，见到过许多人，由于对工作保持活力，他们的绩效成倍地增加。我也见过另外一些人，由于缺乏活力而走投无路。我深信活力是成功推销的最重要因素。"因为，只有对工作充满激情，才会保持活力，才不会那么轻易地放弃，才能坚持到底。

一个人若总是保持神采奕奕的状态，那他干什么事情都会坚持到底，而绝不会半途而废。当然，所谓的活力是源于内心的热忱，因此活力具有强烈的感染力，所有和它有过接触的人都会受到深远的影响。

对艺术保持足够的活力，不放弃，不半途而废，往往可以成就旷世杰作；对商业保持绝对的活力，就可以获得丰厚的利润，甚至成就商业帝国。活力，会让人对某件事坚持到底，而这样的品质正是成功所需要的。

## 与优秀者为伍，见贤思齐

在日常生活中，我们发现：同样的蔬菜在不同的水中浸泡一段时间后，将它们分开煮，其味道是不一样的。这就是著名的泡菜效应。通过这样原理，我们可以知道，一个人在不同的环境里，由于长期的耳濡目染，其性格、气质、素质和思维的方式等方面都会有明显的差别，这就是我们常说的“近朱者赤，近墨者黑”。

泡菜效应，直接揭示了环境对人的成长的重要性。1979年诺贝尔物理学奖获得者温伯格曾说过：“我之所以获奖，是因为我们学校有一种人才共生效应。”调查发现，原来温伯格所毕业的那一届有十多个人都成为美国著名的物理学家。对此，温伯格坦言学校的环境造就了自己的成功：“那时学校教物理的老师都特别棒，鼓励我们自由思考，作业很少，让我们学有余地。当时学校还有个科幻俱乐部，我们都是俱乐部的积极分子。”

古人曰：“近朱者赤，近墨者黑。”当我们接近品性好的人时，可以使我们学好，心中不自觉地萌发出见贤思齐的想法；当我们接近品性坏的人时，就很容易变坏。我们生活的环境就像是一个大染缸，很容易将形形色色的人同化在其中。

那么，对于那些优秀的同事拍档，我们该如何对待呢?

1.有合作的精神

即使自己再优秀，也不要认为自己无所不能，就办公室琐碎的事情来说，哪怕是复印文件也需要文员帮忙。所以，对于优秀的同事，必须树立合作精神，就好像对待人生中的另一半一样对待同事。

2.多与同事交流

虽然是拍档，但两个人的知识、能力、经历会造成彼此对同一件事不同的看法。沟通是协调的开始，对同事要坦诚自己的想法，听听对方的想法，可以经常问问“关于这件事，你怎么看”。

3.保持友善的态度

或许你已经很优秀，甚至认为仅凭自己一个人的力量也可以解决眼前的工作。不过，你不能这么嚣张，毕竟未来还有那么多工作任务，你并不能全部完成，所以要友善对待自己的拍档。

当我们处于修心重德的环境中，我们就会受到身边人的言行教化，自觉地约束自己，使自己的身心都得到不断的长进；相反，假如我们处在道德颓废的环境中，我们就会受到身边消极观念的影响，随波逐流。因此，要想认清自己，有效地提升自我，我们应该选择一个良好的环境，这样我们的心灵才能够得到升华。

# 第 10 章

# 情绪心理学：保持好心情迎来好事情

情绪与人的切身需要和主观态度紧密联系着，情绪包括快乐与悲伤、期望与失望、爱恋与淡漠、愤怒与恐惧以及忧郁与焦虑等。积极的情绪会带来的积极的心理暗示，消极的情绪则会带来消极的心理暗示。

## 情绪平静，保持心灵健康

控制好自己的情绪，才能保持心灵健康。在法庭上，律师拿出了一封信问洛克菲勒："先生，你收到我寄给你的信了吗？你回信了吗？"洛克菲勒平静地回答："收到了，没有回信。"这时，律师又拿出了二十几封信，逐一地询问洛克菲勒，而洛克菲勒都以相同的表情、相同的语调给予了回答："收到了，没有回信。"终于，律师控制不住自己的情绪，暴跳如雷、不断咒骂。结果出乎人们的意料之外，法庭宣布洛克菲勒胜诉，因为律师因情绪失控而让自己乱了章法。

从洛克菲勒的经历中可以看出情绪对于一个人的重要性。在现实生活中，可能有许多的人和事令我们感到愤怒或生气，这时，心中就会不断地涌上恶劣的情绪，导致我们的感觉很糟糕。有时候，情绪失控会给我们的生活带来一些不必要的麻烦，甚至会导致心灵不健康。所以，要想保持心灵健康，我们就应该努力控制自己的情绪，争做情绪的主人。在成功的路上，其实，我们最大的敌人并不是缺少机会或是能力不够，阻碍成功的最大敌人就是缺乏对自己情绪的控制。生气的时候，不能克制心中愤怒的情绪，使身边的人望而却步；消沉的时候，过于放纵自己的萎靡，以致白白浪费了许多稍众即逝的机会。控制情绪是保持心灵健康的必备法宝。

有时候，我们评价一个人，只需要看他的涵养和行事的风格，就可以知道他是否可以成为可塑之才，是否能成就一番事业。因此，如果你想成为一个有着卓越成就的人，除了具备一定的常识和能力之外，全在于能否控制好情绪。如果能控制好情绪，就可以化阻力为助力，助你化险为夷；相反，若是不能掌控好情绪，便很容易被激怒，甚至出现一些非理性的言行举止，而这将给自己带来一系列麻烦。所以，为了保持心灵健康，应努力控制自己的情绪，让自己真正成为情绪的主人。

情绪是指人们对环境中某个客观事物所持有的身心体验，是一种对人生成功活动具有显著影响的非智力潜能因素。对此，美国密歇根大学心理学家南迪·内森通过一项研究发现：人的一生平均有十分之三的时间处于情绪不佳的状态，因此，人们常常需要与那些消极的情绪作斗争。一般情况下，那些成功者会控制自己的情绪，失败者则被情绪所控制，而那些能够控制情绪的人，实际上就是突破心理障碍最多的人。每个人都有或大或小的心理障碍，而这将会影响人们的心灵健康。所以，要想心灵健康，我们应该努力突破心理障碍，控制好自己的情绪，这样我们才有可能成为成功者。

## 远离冲动，化解愤怒情绪

远离冲动，化解愤怒，我们才能驶向开心的彼岸。2006年世界杯足球赛，参加决赛的是在法国与意大利队。在加赛的最后10分钟，由于受到对手挑衅，法国球星齐达内情绪失控，用头冲撞对方球员，给自己带来了一张红牌，并导致了法国的最后失败。

在生活中，那些愤怒的情绪往往会挑拨起内心的冲动，而冲动会令我们更加愤怒，如此反复，情绪会形成一种恶性循环，一发而不可收拾。有人这样生动地形容愤怒：人们在愤怒时就像是在喝酒一样，一旦喝下了第一杯，就会一杯接着一杯地喝下去，后来，越喝越醉。那些容易愤怒的人一旦陷入了愤怒的情绪里，就难以挣脱出来。心理学家认为：愤怒是一种最具破坏性的情绪，它给人带来的负面情绪可能远远超过我们的想象。无疑，愤怒情绪将严重地影响我们的生活，让生活失去平和的美丽。因此，面对愤怒的情绪，我们应该努力化解，因为，只有平和才能让我们变得美丽。

美国人与其他国家的人的不同点在于，他们非常乐观，这种积极的情绪会不自觉地感染哈佛人，并对众多的哈佛学子产生深远的影响。在哈佛大学，你几乎看不到一张愤怒或生气的脸，因为他们觉得愤怒或生气都是自己跟自己过不去。任何事情都不像你想象得那么糟糕，没有必要一直在心里耿耿于怀，你的生气与愤怒不过是在伤害你自己罢了。

那么，如何化解内心的愤怒而保持平和的情绪呢？林则徐习惯在堂上挂着“制怒”的字匾，这样，自己在愤怒还没有发作的时候，看到这两个字就会及时化解自己的怒气。

而对于哈佛大学来说，能够化解愤怒情绪的最佳法宝就是幽默感。

当愤怒遇到了幽默感，愤怒的情绪就会自然而然地消失。我们生活在这个世界，每天都会面对许多情绪，情绪几乎主宰了我们的一切，有人说：“一切争吵都是从情绪开始，一切纷争都来源于情绪。”在众多情绪中，愤怒和生气往往会引起强烈的反应，甚至有可能会产生连锁反应，最后导致更大“战争”爆发。

台湾著名高僧有一句名言：“生气是拿别人的错误来惩罚自己。”每个人都有愤怒的时候，然而，真正到了愤怒时该怎么办呢？最好的办法就是让愤怒的情绪停止下来，追求一种平和的美丽。心理学家告诉我们：“叫停、想一想、再去做，这三个步骤，是避免陷入怒火的最好方法。”每天的生活就如同在高速路上行驶，当我们奋力向前地生活时，不要忘记了刹车的功能，否则，一不小心就会撞得头破血流。当自己生气或愤怒的时候，记得反问自己：“愤怒真的能解决问题吗？”当思想开始转移到如何解决这件事情上的时候，理性的力量便会被唤醒，这样，愤怒的情绪就会停下来，渐渐变成一种美丽的平和姿态。所以，面对愤怒，我们应该学会化解，因为只有平和才会使我们变得更加美丽。

## 驾驭情绪，才能驾驭心情

从心理学上说，情绪是指伴随着认知和意识过程产生的对外界事物的态度，是对客观事物和主体需求之间关系的反应，是以个体的愿望和需要为中介的一种心理活动。喜怒哀乐是人之常情，想让自己生活中不出现一点烦心之事几乎是不可能的，但是，情绪化表现太强，情绪波动较大，受情绪的愚弄，被情绪牵着走，让情绪主导自己的心理和生活，是不可取的。

生活中的大多数人都有过受累于情绪的经历，似乎烦恼、压抑、失落甚至痛苦总是接二连三地袭来，有些人频频抱怨生活对自己不公平，用情绪化的反应来表达内心的感受。这样做的结果只能是越来越糟。

对情绪的控制就如对命运的掌控一样，很多人对此总之无从下手，只能听之任之。殊不知，人生苦短，青春易逝，还有很多有意义的事情等着我们去做，没必要对自己不喜欢的人或事一一回击。聪明的人不会和那些无理取闹的人针锋相对、顺着脾气的梯子往高爬，他们知道，爬得越高，最后摔下来时就越惨。

心理学家分析说，当情绪低落时，人们做什么事都感觉百无聊赖，提不起兴趣，感到没有任何意义；当情绪高涨时，又会感觉脚下生风，干劲十足，每次行动都令人振奋，在干好某件工作之后恨不得对全世界高歌，以宣泄内心的情感。能驾驭自己的情绪，才能真正驾驭自己。

现代社会，大家要面对工作、生活、婚姻、家庭，面对纷乱繁杂的事务和家务，过于情绪化会让自己疲惫不堪。所以，我们要摆正心态，驾驭情绪，让快乐时时围绕在身旁，在愉悦的心情中完成工作，享受当下每一天。

## 别把坏脾气留给身边人

人是感性动物，是世界上情感最丰富的动物，而人的情绪化也是出了名地严重，往往因为一些莫名的小事就搞得自己心情不好。但是你有没有想过，你在心情不好的时候，可能会乱发脾气，做出一些伤害到别人的事，这不仅会影响你和对方之间的关系，也会令你失去已经拥有的快乐。

当你发脾气、生气时，你周围的人也会跟着你紧张和情绪低落，这种负面情绪的影响和扩散就像漏了的煤气一样，很快便会充斥于你的周围。而一旦你把这种情绪爆发出来，可想而知，它的后果会有多么糟糕。被怒气冲晕头脑的人，即使平时多么善良、多么会说话，此时也难免说出一些伤透人心的难听的话来。而这些话会像钉子一样刺进和你争吵的人的心中。即便你反省之后真诚地向他道歉，即便他能够原谅你，这道伤疤也会永远留在他的心里。

古人总是说“三思而后行”，就是告诉我们做事不能只凭自己的一时冲动，要考虑到后果。我们每天接触的人无非是家人、朋友和同事，这些都是和你的生活息息相关的人，如果因为自己的坏情绪而向他们发脾气，不但会使自己失去一个甚至几个生活伙伴，也会让周围的人对你感到失望。人与人之间的感情是相互的，只有你顾虑到别人的处境和感受，别人才能从心底真正地喜欢你、认可你。

心理学家认为，使情绪发生变化的原因不外乎外因和内因，外因如学习、工作、生活中遇到的各种愉快或不愉快的事情，但情绪变化主要还是内因造成的，即主要取决于本人对事情的认识和所持的态度。同一件事，从不同角度去认识，采取不同的态度，产生的情绪会完全不同。所以，我们凡事要往好的一面看。

## 别让他人的坏情绪摧残自己

多数情况下，坏脾气不是自动爆发的，不是你想生气，而是别人无缘无故地招惹你，使你心烦意乱，甚至大发雷霆。在这种情况下动怒，极为常见。

心理学家说，面对别人对你的指责、咆哮、叫嚣，如果你无法做情绪的主人，在某些时候，你最好学会做个聋子。

心理学家分析说，人的情绪的好坏和人的性格有关，而人的性格又和人的德行有关，而德行是不可能装得出来的，德行是要靠自己一点一滴去修养的。只有心胸似海洋一样广阔的人，才能容忍生活中那些看似不公平的事情，守住内心的平静，不让别人的坏情绪摧残自己。

一天，一位德高望重的法师吃完午饭，正要开门出来，不料，迎面撞来一位身材肥胖的妇女。说时迟，那时快，只听得“嘭”的一声，妇女的头刚巧撞在法师的眼镜上，眼镜戳青了他的眼皮，然后跌在地上，镜片摔得粉碎。

此时，那位胖墩墩的妇女毫无愧疚之色，反而理直气壮地说：

“你出门怎么不注意点，还戴眼镜！”

法师此时心想：世间万法多由因缘合和而生，有善缘，亦有恶缘，解决恶缘之道，唯以慈悲待之，因此便以豁达的心胸来接受这个事实。

肥胖的妇女见法师以微笑慈容回报她的无理，颇觉讶异地问：

“喂！和尚，为什么不生气？”

法师借机开示说：“为什么一定要生气呢？生气既不能使破碎的眼镜重新复原，又不能使脸上的淤青立刻消失、苦痛解除。再说，生气只会扩大事情，如果我生气，对您破口大骂，或是打斗动粗，必定造下更多的恶缘，甚至伤害了身体，而仍不能把事情化解。以世间因缘果报来看这件事情，我早一分钟或迟一分钟开门，都可以避免相撞，而我们却撞在一起，或许这么一撞化解了我们过去的一段恶缘，因此，我不但不生气，反而要感谢您助我消除业障哩！”

妇女听后十分感动，她问了法师的称号和许多佛法，然后若有所悟地离去。

这位法师道行深厚，在被人欺负的情况下仍然心平气和，面对别人的咆哮依然不生气，平凡人恐怕没有几个能够做到。

人与人之间相处，当矛盾当头时，往往以嗔恚、忿怒相向，殊不知“生气是不能解决问题的”。法师以豁达的心接受横逆，不但化解一段恶缘，并且点醒了妇人，令她知道忏悔。

易发脾气的性格使很多人常常莫名其妙地心情烦躁、情绪不宁，这在他们的生活中是常有的事情。当被人招惹、脾气上来时，沸腾的血液在狂热的大脑中奔涌时，控制自己的情绪是多么困难的事。但你更要清楚，让情绪左右你的情感和生活，让自己成为情绪的奴隶，是多么地危险和可悲。你的工作、爱情、亲情等也有可能由此陷入尴尬的境地。

对我们来说，在别人对你咆哮时，有五种处理升腾起来的怒气的方法：一是把怒气压在心里，生闷气；二是把怒气发到自己身上，进行自我惩罚；三是无意识地报复发泄；四是发脾气，用很强烈的形式发泄怒气；五是转移注意力以抵消怒气。其中，转移是最积极的处理方法。当怒火中烧时，你最好先“三十六计走为上策”，迅速离开使你发怒的场合，做些能使自己高兴的事情，如逛街、吃小吃、听音乐等，让情绪渐渐地平静下来。我们经常有这样的体验，很多时候，过后一想，事情根本就没有那么糟糕，自己的怒气是多么地小题大做。

对很多人来说，怒气冲上心头，特别是面对别人的欺负、挑衅时产生的愤怒是很难控制的。但我们仍要切记，忍字头上一把刀！在想发脾气的时候，飞快在心里按下“暂停键”，在脑子里想象一下发脾气过后自己要承担的后果和是否会后悔，然后再决定怎么做。

在日常生活中要尽量避免生气，用宽大的心胸去容忍别人的错误，在提升自身修养的同时，对自己的心情和面容也是天然的滋养。

## 合理释放和疏导不良情绪

每个人都有属于自己的情绪体验，不同的事情、不同的情况，会产生完全不同的心情。然而面对繁重的工作和生活压力，负面情绪总是会很轻易地占据我们的脑海，而一旦情绪失控，我们的工作和生活都会受到影响。所以，身在职场的人，更要学会控制和梳理自己的情绪。对待各种不同的情绪，每个人都有自己的方式，但是无论采用何种方式，都要遵循一个原则：通过正当的方式进行发泄和疏导，一定不能为了发泄情绪而做出伤害他人和伤害自己的事情。

可能很多人都有过这样的体验：自己刚说出某句话，马上就后悔了，尤其是当对别人作出评价的时候，既想说出自己的真实感觉，又不想伤害别人，真是进退两难。但是，偏偏很多时候自己没想那么多，话就脱口而出了，又或者很多话只有说出来了才让人意识到它的威力。的确，人都是冲动的，我们不能改变他人的本性，但是在说出每一句话、做出每一件事之前，我们可以试着控制自己的情绪。

心理学研究表明，人的每一个决定和行为，都或多或少地受到情绪的影响。无论是对学习还是对社会适应能力来说，情绪都扮演着非常重要的角色。正所谓“心情决定事情”，做不了情绪的主人，就要被情绪左右。为了更好地适应社会，每个人都应该学会调整自己的情绪，理智客观地处理所有问题，不让自己陷入一再悔恨的旋涡中。

美国作家大卫·雷诺兹在他的书中曾经提到这样的“情绪法则”：

（1）情绪不能直接被意愿所控制。也就是说，你无法让自己直接改变任何情绪。不过，你可以通过各种途径间接地影响自己的情绪。

（2）必须顺乎自然地去认识情绪、接受情绪。处理情绪的最佳策略，便是先接受它们，并看自己能从中学到些什么。有时，情绪本身会给我们一些暗示，暗示我们需要干些什么。

（3）无论情绪本身如何令人不愉快，每一种情绪都有不同的用途。所要记住的是，即便在最令人不快的情绪中，也潜藏着变好的可能。而对这种可能，我们应加以利用。认识到所有情绪都有好的一面，我们就会对各种各样的情绪加以珍惜。这样一来，我们就再也不必白费精力去摆脱那些“不受欢迎”的情绪，并懂得应该从中学会某些东西。

（4）无论何种情绪，只要不被重新刺激，它就会随时间而消逝。时间会逐渐磨损各种情绪最初的威力。

（5）情绪可间接地被行为所影响，积极行动起来。

# 第 11 章

# 教子心理学：懂点心理学教出好孩子

教育孩子是一门心理学科，因为孩子本身就个性多样，他们的身心在成长过程中都会展现出不一样的特点以及阶段性特征。父母需要深谙教子心理学，这样才能运用科学而有效的方式教育好孩子。

## 循循善诱，消除孩子的逆反心理

心理学上有个“自己人效应”。所谓“自己人效应”，是指对方把你与他归于同一类型的人。生活中，我们常常发现，同样一个观点，如果是自己喜欢的人说的，接受起来就比较快和容易；如果是自己讨厌的人说的，就可能本能地加以抵制。有道是：“是自己人，什么都好说；不是自己人，一切按规矩来。”其实，在家庭教育中，我们也可以运用自己人效应与孩子沟通。如此，就会拉近彼此之间的心理距离，孩子也会消除心理压力，不再对你心存戒备，沟通就会取得良好的效果。

我们来看下面这位妈妈是怎么和孩子沟通的：

这天傍晚，李太太正在家做饭，突然，儿子开门进来，冲着在厨房忙乎的李太太嚷嚷：“妈，从明天开始，我不去学校了，你别劝我！”

李先生还没下班，倘若他在家，一定会好好教训儿子。但李太太是个善解人意的温和女人，她心想，儿子一定是在学校遇到了什么不开心的事。

“为什么这么说呢？”

“没什么，感觉不大舒服。”

“不舒服，哪里不舒服？怎么不早点请假回来呢？”

“不想耽误学习啊，你别问了，反正我不去。”

其实，李太太心知肚明，儿子有劲儿这么嚷嚷，怎么可能是不舒服呢！一定另有隐情。

“可是，今天不舒服，明天不一定不舒服啊，要不，妈妈带你去医院吧。”李太太在说这话的时候，故意露出一点笑容，儿子明白，妈妈看出端倪了。于是，他只好说：“妈，你儿子是不是很没用啊？”

“怎么这么说？我儿子一直是最棒的，有最棒的体格、最棒的学习接受能力，待人温和，还疼妈妈。”

听到李太太这么说，儿子笑了，主动说出了今天遇到的事：“妈，今天老师叫我们写一篇作文，我拼错了一个字，老师就嘲笑了我一番，结果同学们都笑我，真没面子！”

此时，李太太没有说话，只是搂着伤心的儿子。儿子沉默了几分钟，从妈妈怀中站了起来，平静地说：“谢谢妈妈听我说这些事，我要去小胖家了，他还等着我一起复习功课呢！”

从这个故事中，我们发现，李太太是个善于与孩子沟通的母亲。当孩子说不想去上学时，她并没有对孩子进行批评和指责，而是循循善诱，让孩子道出了心事，这样的沟通才是有效的，才能帮助孩子疏解困扰。

的确，对于所有父母来说，都希望自己的孩子能把自己当知心朋友，能把什么心事都告诉自己。然而，令父母感到苦恼的是，为什么孩子越大越难沟通了呢？这是由什么造成的呢？其实，孩子也想对父母说实话，只是很多父母不懂沟通技巧，在沟通中多半端着家长的架子，甚至呵斥孩子，如此一来，孩子又怎么愿意与你沟通呢？因此，聪明的父母会使用一些沟通技巧，让孩子把自己当成“自己人”，这对维持亲子间的良好感情很有帮助。

具体来说，让孩子把我们当“自己人”，需要我们做到：

1.语气温和，态度友善

父母与孩子说话时，最好避免用尖锐和带有恐吓的语气，而应尽量对孩子微笑，用欢快、平和的语气与孩子沟通，这样，能让孩子感受到你的爱。

2.多说“我”，少说“你”

为了能让孩子觉得你和他是站在统一战线、是为了他好，你在说话的时候，不要总说“你应该……”，而应常说“我会很担心的，如果你……”

3.分享孩子的感受

无论孩子是向你们报喜还是诉苦，你们最好暂停手边的工作，静心倾听。即使边工作边听，也要及时作出反应，表达自己的想法或感受。倘若只是敷衍了事，孩子得不到积极的回应，日后也就懒得再与大人交流和分享感受了。

4.多用身体语言

作为父母，你要让孩子感受到，无论什么情况，你都是爱他的，即使他做了什么错事。事实上，有时候，不说话，只是利用身体语言，如微笑、拥抱和点头等，就可以让孩子知道你是多么疼他，不只是在他表现良好时。

同时，与孩子身体接触，能拉近与孩子之间的距离。不难发现，有些父母只是在孩子还很小的时候才会亲孩子、抱孩子，而孩子长大一点后便忽视了这一点。然而，身体接触可以令孩子切身体会父母的关怀。

家庭教育中，如果我们能巧用“自己人效应”，让孩子感受到父母是理解他的，是能够从他的角度思考和解决问题的，是和他站在同一个立场的，那么，他一定愿意把我们当朋友、愿意与我们沟通。

## 不可缺少的挫折教育

这天晚饭过后，很多父母带着自己的孩子来到小区广场上玩耍。孩子们带的汽车很多，小孩子很容易就玩到了一起，有一个稍大的孩子带着大家用小汽车排队，结果其中一个调皮的孩子居然拿自己的小车撞翻了其他孩子的车。于是，其中一位父亲站出来说："你这种行为是不好的。"大家还没觉得有什么，那个孩子却一头扑进他妈妈的怀里放声大哭，这让刚才那位父亲很是尴尬。

其实这样的事例在我们身边并不罕见。很多家长太过溺爱自己的孩子，从来舍不得说自己的孩子一句，就算孩子犯了错，也是睁一只眼闭一只眼放任不管，所以孩子连一句轻微的且合理的批评都受不了。如果孩子一直被这样教育着，以后的心理承受力肯定不会好到哪儿去。

人们常说："自古英雄多磨难。"这句充满智慧的警句，生动地说明了一点：从小培养孩子应对挫折的能力，会使孩子终身受益。实践告诉我们，要教育好下一代，除了要教孩子掌握一定的科学文化知识和技能外，还必须培养孩子良好的思想素质。人只有经历过挫折，从小培养顽强的意志力、忍耐力，坚韧不拔、不屈不挠的精神，将来才会获得成功，才能在竞争中立于不败之地。给孩子一点挫折，对孩子的一生是大有益处的。这就告诉父母，挫折教育必不可少。

的确，人生在世，谁都会遇到一些挫折，有些是通过自己的努力就能够克服的，但有些则是人们通过努力也无法克服的。这时候就需要我们增强自己承受挫折的能力，让自己变得越来越坚强。孩子们也是如此。然而，孩子的心理承受能力要比大人的更弱，除了学校教育，孩子心理承受力的形成绝大部分与自己的父母有关。

可能有些父母会说，自己爱孩子有错吗？舍不得批评孩子有错吗？当然没错。没有家长不爱自己的孩子，也没有家长愿意看到自己的孩子受到丝毫的伤害，但是真正爱孩子并不是把孩子养在温室里，总有一天孩子要自己去面对这个未知的世界。溺爱孩子，很容易让孩子变成易碎的瓷娃娃，他们一旦离开了家长，就会一点挫折也受不了，这样的孩子能健康地成长吗？

当然，父母对孩子实施挫折教育也必须把握好一定的度，否则，很容易让孩子一蹶不振，失去重新站起来的勇气。另外，孩子本身承受能力就要比成人弱，孩子遭受挫折时，父母要适时地对其进行疏导，提升他们的心理素质和挫折承受能力，让孩子变得越来越坚韧。

困难和挫折是一所最好的学校，在这所学校里，孩子能历经磨炼，“艰难困苦，玉汝于成。”挫折教育可以增强孩子的适应能力，磨炼孩子的意志，使孩子形成自我激励机制，有着其他教育所无法替代的作用和价值，这正是孩子成长必不可少的“壮骨剂”。因此，教会孩子敢于面对挫折，不怕失败，跌倒了自己爬起来，勇于接受艰难困苦的磨炼，这也是父母应尽的义务和责任。

## 用积极的眼光看待孩子的成长

苏联社会心理学家包达列夫做过这样的实验：将一个人的照片分别给两组被试者看，此人的相貌特征是眼睛深凹、下巴外翘。然后，分别向两组被试者介绍情况，给甲组介绍情况时说“此人是个罪犯”；给乙组介绍情况时说“此人是位著名学者”。最后，请两组被试者分别对此人的照片特征进行评价。

评价的结果是，甲组被试者认为：此人眼睛深凹表明他凶狠、狡猾，下巴外翘反映着其顽固不化的性格；乙组被试者认为：此人眼睛深凹，表明他具有深邃的思想，下巴外翘反映他具有探索真理的顽强精神。

为什么两组被试者对同一人的面部特征所作出的评价竟有如此大的差异？原因很简单——人们对社会各类的人有着一定的定型认知。人们把此人当罪犯来看时，自然就把其眼睛、下巴的特征归类为凶狠、狡猾和顽固不化的反映；而把他当学者来看时，便把相同的特征归为思想的深邃性和意志的坚韧性的反映。

这种现象被称为刻板效应，刻板效应实际就是一种心理定式。心理学上的“刻板效应”，又称“定型效应”，是指人们用刻印在自己头脑中的关于某人、某一类人的固定印象作为判断和评价他人的依据的心理现象。例如，我们常会认为老年人是保守的，年轻人是爱冲动的；北方人是豪爽的，南方人是善于经商的；英国人是保守的，美国人是热情的等。

实际上，在家庭教育中，许多父母在看待孩子这一问题上，都会受到刻板效应的影响。在父母眼里，孩子有改不完的错，他们看不到孩子身上的点滴进步。这种刻板心理往往造成父母评价孩子时过于消极，及至造成亲子关系的紧张，让孩子产生逆反心理。

那么，在教育孩子时，我们怎样才能避免刻板效应呢？

1.要用发展的眼光看待孩子

我们的孩子总是在不断成长、不断变得成熟的。因此，今天的他和昨天的他不一样，明天的他更会不一样。

另外，在孩子眼里，他们最渴望获得的就是父母的认可。如果你能看到他的变化，看到他的努力并及时鼓励他，那么，他一定很欣慰，一定会继续努力，并且愿意与你沟通，愿意把你当成最好的朋友。相反，如果我们总是以老眼光看待孩子，那么，时间一长，得不到认同的孩子便不愿意向你敞开心扉了。

然而，生活中，我们经常听到一些父母在外人面前这样教训自己的孩子："你就不能和××学学？你的成绩总是那么糟……我不想看到你这个样子。"作为父母，你是否想到过，其实你的孩子已经很努力了，他已经进步了很多，而你看到了吗？明智的父母则不是如此，他们会看到孩子身上的点滴进步，在孩子有任何一点的进步时，他们都会夸奖孩子，让孩子感受到父母对自己的爱和关注。

每一个父母在教育孩子时，都要让孩子明白一点，无论他的成绩如何，只要他努力了，就是好孩子。

2.要客观地看待孩子所做的事

无论孩子做了什么，你都要从事情本身作出评价，这样，才能避免因刻板印象而误解孩子。

3.要全面地看待孩子

有时候，我们之所以会刻板地看待孩子，是因为把眼光放到了孩子的某个方面或者某些方面。而假如我们能全面地看待孩子，我们就能发现孩子很多其他的优点，例如，你可能会发现，你的孩子虽然学习成绩不太好，但他的人缘很好，别人总是愿意和他交朋友，对于这点，你夸赞过他吗？

总而言之，“刻板效应”会使我们对他人产生一种固定而笼统的看法。家庭教育中，我们要看到孩子点滴的进步，要学会从多方面看待孩子，只有这样，才能避免刻板印象的不利影响，才能对孩子产生认同感，才能加深亲子间的关系，从而有利于家庭教育的顺利进行。

## 别让对孩子的爱变成溺爱

人如果长期体验超过自身承受范围的某种情绪，就会处于一种心理饱和状态，俗称“心理肥胖”。而这种状况在现代儿童身上并不少见。如果家长对自己孩子的关爱与保护超过了适度范围，就可能让自己的孩子承受不了这种所谓的爱，而成为“心理肥胖儿”。

有一对夫妻，丈夫五十岁、妻子四十多岁才生了一个儿子。两人是老来得子，所以对自己的孩子分外疼惜。孩子从小就是想要什么就有什么，就算是孩子要天上的星星，他们也会爬上天去摘。因为太过爱惜自己的孩子，他们从不让孩子与别人接触，生怕孩子有什么意外，所以那个孩子从小就没有什么朋友。邻居劝他们要放孩子一些自由，不然孩子容易出现心理上的疾病，他们听了就觉得邻居是对他们的孩子有企图，所以对孩子的监视越发地严了。

但是他们怎么也没想到的是，孩子一天天地变得沉默，好像每天都有心事。夫妻俩想，也许是孩子觉得他们做得还不够好，所以就加倍对孩子好。但是孩子孤僻的状况并没有得到缓解。他们不得已带孩子去看大夫，但是大夫也没有检查出来孩子究竟得了什么病，于是夫妻俩终日愁眉苦脸的。一个邻居看他们一直这么下去也不是办法，就让他们去和孩子沟通一下，明白孩子的想法才是重要的。夫妻俩虽然觉得邻居的建议不怎么样，但是实在是没什么办法，只能去问一下孩子的想法。

孩子见父母终于愿意和自己交流，于是把自己内心最真实的想法告诉了他们。孩子说，他知道他们都是对他好，但是他们这种爱就像是囚笼，让自己喘不过气。别人都有朋友就他没有，这让他觉得自己是个异类。他想去自己做一点事情让自己觉得自己活在这个世界上还有一点点的价值，但是什么都被父母包办了，这让他觉得自己很没用。他想和父母好好地交流一下自己的内心，但是父母从不给他机会，他实在难以承受这样沉重的爱。

夫妻俩知道了孩子的想法之后觉得很不能理解，他们觉得，自己做了那么多的事情都是为了孩子好，那是他们自己亲生的孩子，难道他们还能害他吗？他们觉得自己孩子简直是狼心狗肺，不知道报恩反过来还怪他们做得不对。

的确，这个世界上每一个家长的本心都是为了自己的孩子好，但是，家长也要考虑自己的孩子需要的到底是什么。是不是自己一厢情愿地付出就是对自己的孩子好呢？所有地家长都应该仔细地思考一下，不要让自己对孩子的爱变成溺爱。

很多家长一厢情愿地认为自己不管做什么都是为了自己的孩子好，为了自己的孩子，他们什么都愿意去做。但是他们没有考虑过他们所做的这些是不是自己的孩子能够承受的。

孩子的心是很脆弱的，他们渴望被认同、被关爱，他们渴望家长在作关于自己的决定的时候询问自己的想法。所以家长们也该学会时不时地和孩子沟通交流，以免孩子变成“心理肥胖儿”。

## 恰当表扬，有效激励孩子

教育学家认为，正确的表扬有助于培养孩子的自我意识和独立能力。很多家长也发现，想要让孩子变得乖巧听话，就要时常表扬他们。但是表扬也是有讲究的，孩子想听的是自己家长发自内心的、对自己恰如其分的表扬。有些家长因为过分溺爱自己的孩子，会作出的一些不恰当的表扬，这样会适得其反，伤害到自己的孩子。

有三种不适当的奖励会伤害自己的孩子。第一种是表扬缺乏针对性的表扬。比如，孩子花了一个下午的时间做好了一幅拼图，当他满心欢喜地拿着它站在家长面前的时候，绝对不希望只听到家长说“真不错”。孩子花费了一下午的时间去做拼图，一定需要很大的耐心，这中间，他肯定想过放弃，但最终他坚持下来了，这正是他最感到自豪的地方。而如果你看不到这点，只是说“真不错”，那么，孩子一定会感到很伤心，他会认为你这是在敷衍他。如果你能这样夸奖孩子：“这两片这么相像，区分出来一定花了很长时间吧？”他可能会激动得热泪盈眶。哪怕你只是稍微具体一些，“你真是完成了一个复杂的工程啊，每个小卡片都找到了正确的位置”，也会让他感到你在意他的努力过程。

第二种是低估孩子的能力的表扬。也许在你看来，孩子学会做某件事或者拥有某种能力是一件值得骄傲的事，但从孩子的角度看，你这是低估了他的能力。举个最简单的例子，全家人和孩子在广场玩，你发现，一个六岁的孩子居然能穿过人群、娴熟地滑旱冰，你夸奖他：“你真棒呀，这么小就能滑旱冰啦!”谁知小伙子立刻表现出一副被侮辱的样子：“我三岁就会滑了!”然后气呼呼地走了。

有些时候，成年人低估孩子的能力，是因为他们心里有偏见，但是孩子有着敏锐的触角，他们能够分辨出你的言外之意。

第三种情况是为了表扬而夸大事实。这样夸奖孩子，孩子自然会飘飘然，但一旦孩子摔下来，势必会难以接受。

如果你仅仅因为一点小事就夸大地夸奖孩子，那么，至少会有三个方面的负面作用：首先，长期接受你的夸奖，会让孩子无法真确地认识到自己的能力。其次，他会有苛求赞美之瘾，而且会过分在意外界对自己的看法。最后，夸张的表扬不利于培养孩子的耐性、宽容程度以及应对挑战和竞争的能力。

作为家长，你在表扬的时候一定要注意，恰当、准确、注重细节的赞美才是对孩子最有效的。孩子需要的是父母发自内心的、恰如其分的表扬，而不是父母纯粹为了表扬而说出的敷衍之词。

家长发自内心的赞美会增强孩子的自信心，在表扬孩子的时候，一定要实事求是，不能过分低估孩子的能力，也不能不顾事实过分夸大。孩子想要的是最真诚的表达，而不是纯粹为了表扬而进行的表扬，不适当的表扬会害了自己的孩子。

## 培养孩子的自控能力

金无足赤，人无完人，人最大的敌人是自己。只有能够战胜自我的人，才是真正的强者。这就考验到人的自制力。一个有着强大自制力的人，就像一辆有着良好制动系统的汽车，能够在很大程度上随心所欲，到达自己想要去的任何地方。因此，我们可以说，美好人生，就是从自我控制开始的。而生活中，人们之所以会做那些让自己后悔的事，归结起来，大多是因为自制力薄弱，抵挡不住诱惑，才做了不该做的事。可见，任何一个父母，在教育孩子的过程中，都要培养孩子的自控能力，让孩子学会约束自己，这样他才能战胜未来生活中的种种困难，取得成功。

关于这一点，心理学上有个概念叫“延迟满足”，它指的是，人们为了获得更大的目标，可以先克制自己的欲望，放弃当下的诱惑。如果一个人没有忍耐力，那么，他会在遇到压力时退缩不前或不知所措。生活中，我们发现，一些家长，在自己年轻时受过很多苦，因此，对于自己孩子的要求，他们都来者不拒，孩子要什么，他们都满足。这样孩子对物质的需求就会越来越弱，因为太容易了，他不需要付出努力就能得到。而一个自我延迟满足能力高的孩子，在成年后面对困难和挫折时，会知道自己要付出很多才能达到那个目标。

事实上，懂得克制自己欲望的孩子的眼光是长远的，当他们在成年后，对于眼前的事，他们会作出综合的考虑，考虑一下这个现在对我有没有利、五年以后有没有利、十年以后有没有利。吴向东曾说过，如果小时候不控制自己，长大了就会习惯“控制不住”的状态，矫正起来则比较难。

那么，父母如何培养孩子自我延迟满足能力呢?

1.适当延迟满足孩子的时间

要培养孩子的自我延迟满足能力，就不能对孩子太过迁就。当他们想要什么时，我们可以适当延迟一下时间，比如，过半个小时再来处理孩子的要求，在这个过程中，孩子的忍耐能力会在无形中提高。

2.立场要温和，态度要坚定

如果你想拒绝孩子的要求，那么，你就必须表现得立场坚定，进而让孩子明确自己的要求是无理的。但同时，你的语气必须要温和，这样才是真正的以理服人。

比如，孩子想买一样东西，你可以这样说：“抱歉，宝贝，妈妈最近经济有些拮据，大概三天后妈妈才能拿到钱，那么，这三天妈妈必须努力工作，你能帮妈妈在这三天干点家务吗？到时候妈妈再给你一点补助，三天以后再买给你好吗？”这样态度温和地说，是要让孩子感受到：“虽然妈妈没给我买，但妈妈是有原因的，妈妈依旧是爱我的。”

然而，很多父母在这方面做得并不好，他们一遇到孩子提出不合理的要求，就对孩子疾言厉色，甚至打骂孩子，这样孩子既得不到这个玩具，又会觉得你不爱他。

假若我们在教育孩子的时候态度温和，客观地看待孩子的要求，当孩子做出不好的举动时，能包容和接纳，那么，我们在与孩子进行一切互动时，都能很好地把握分寸。

3.是否满足孩子要看孩子的要求是否合理

当孩子提出某个要求时，家长是否立刻满足，最重要的是看这个要求合不合理。如果家长认为孩子的这个要求是合理的，就应该马上满足；如果家长认为孩子提出的要求不合理，就一定要拒绝。但你需要注意的是，你必须在拒绝他的时候告诉他原因，告诉他怎样做才是对的。

家庭教育中，每个父母都要遵循孩子的天性，但这并不意味着我们要满足孩子的所有要求。相反，适当延迟满足，能培养孩子控制自己欲望的能力。这一点，需要家长在生活中贯彻实施。当你的孩子明白只有付出才有回报时，他也就拥有了一定的自控力。

# 第12章

# 婚恋心理学：掌握恋爱密码，赢得情感胜利

生活中，每个人都希望拥有甜蜜的爱情、美满的婚姻，然而，在两个人相处过程中，总有许多困惑和挫折。婚恋心理学能够更科学、系统地解释两性关系中的许多现象，帮助人们在婚恋道路上越走越顺。

# 结婚恐惧症是一种回避心理

现代社会的男女青年，大多数是独生子女，从小过着“衣来伸手、饭来张口”的生活，即使工作之后，也是自己赚钱自己花，不用考虑太多生活上的琐事。爱情是美好的，都市男女经历了爱情的洗礼，总希望有个稳定的结局，但是一思及成家后的责任、束缚，很多人犹豫了、退缩了，甚至出现“逃婚”事件。这些情况，在这个“婚恋自由”的社会屡屡上演。

老人们都说，恋爱、结婚、生孩子本是人生三大喜事，可是，随着婚期的临近，许多准新娘准新郎都从心理产生一种莫名的恐惧，这被称为“婚前恐惧症”。“婚前恐惧症”又叫“结婚恐惧症”，是新人在举行结婚仪式一周或一个月前最容易产生的消极心理情绪。心理学家说，这其实是“回避心理”在作祟。

原本，“婚前恐惧症”是那些已经有婚约或者即将举行婚礼的人才会出现的状况，而现代社会，很多年轻人恋爱期间就已经患上了“婚姻恐惧症”。如今，网络发达，信息传播自由、迅速，使得人类的生活节奏也随之加快，然而，面对媒体铺天盖地的对婚姻的分析、对“围城”

的剖解，人们过早地认识到了婚姻的责任和麻烦，婚后的琐事、孩子的生养教育、婆媳关系的处理以及老公是否会出轨等问题早已被列在了女性“婚姻账单”之上。很多人因为怕自己无法承担如此多的压力而选择不婚或者延迟婚期。

就像小林说的：“我是个80后的女孩子，一直都没有谈过恋爱，我所在的公司，有很多同事都离婚了，如婆媳关系处理不好的，如有一方有外遇的，这让我感到婚姻太不可靠了，也让我不敢轻易相信男人。我担心自己也会经历恋爱、结婚然后再离婚的过程，如果那样，还不如一直单身，因此便对一些对我有好感的男孩敬而远之。可每当节假日来临的时候，我又感到特别寂寞，甚至连个发短信问候我的男孩都没有，这让我觉得自己很失败。现在，我时常处于这种矛盾的心情中，无法排解。”

每个人对婚姻都或多或少地有自己的担心，像小林一样的女孩子在如今的社会上有很多，一方面被爱情吸引，另一方面又害怕责任太重、自由被束缚，以至于在爱与不爱之间徘徊多年，蹉跎了大好青春，到最后还是没有找出答案。

一位心理学家在课堂上讲过这样一个故事：

琼斯是明星报的年轻记者，他对自己的工作表现很不满意，总认为自己的能力平平，畏惧接受看似有一定难度的工作任务，因此他的工作总是停留在打杂的档次。

有一天，报社新闻采访部的上司交给琼斯一个任务：“你去采访一下大法官布兰代斯吧？”

琼斯大吃了一惊，说道："要我去采访大法官布兰代斯？人家根本就不认识我，又怎么肯单独来接见我呢？"

"你不去试试又怎么知道人家不肯接见你？"新闻采访部的上司显然有些生气了，"年轻人呢，你必须学着独立行动才行，否则永远也成长不起来的！"

说完，新闻采访部的上司就摸起电话拨了一串数字："喂，请问是大法官布兰代斯秘书处吗？我是明星报的新闻记者琼斯（站在旁边的琼斯惊讶得张大了嘴巴），有一篇稿子想去采访大法官先生，不知道是否可以安排接见一下？"

只听电话那一端愉快地答应了："好的，那就安排在今天下午吧……"

放下电话，新闻采访部的上司拍着琼斯的肩膀说："喏，我已经给你预约好了，是下午一点十五分，你记得按时过去！"

接下来的新闻采访，琼斯进行得非常顺利，而且稿子写得特别好。

后来，琼斯不止一次地对人说道："也就是从那个时候开始，我学会了单刀直入的做法，虽然做起来不太容易，但十分有用。因为，只要一次克服了心中的畏怯，那么下一次也就容易得多了。"

战胜恐惧，也许那只是一小步，但是，只要那一步你迈出去了，就会对你的人生发展有很大的意义。对你来说，这是一种突破，你终于战胜了自己内心的怯懦。

人们对婚姻的恐惧，就像琼斯不敢相信自己有能力去采访大法官一样，他认为高高在上的大法官不是他一个新上任的小记者能够企及的。然而他这种担心全是来自于别人的经历教训，或者说是源自对未知的恐惧。心理学家说，面对婚姻，人们应多看看婚姻中美好的部分，只看到婚姻中阴暗的部分，不可能正确认识婚姻的美好和意义。正确审视周边人的婚姻生活，你会发现失败的婚姻并没有大家想象中那么多，甜蜜的三口之家比比皆是。

有人说，“婚姻就像鞋子，合不合脚只有自己知道”，有些还没有穿上婚姻这双鞋的人，听别人说鞋子小就认为所有鞋子都是小的，听别人说鞋子磨脚便打消了穿鞋的念头，殊不知，也有很多人正在享受双脚有鞋子保护的温暖和乐趣。每个人都是与众不同的，自己的鞋子只有自己试了才能知道好与不好。

生活中确实有不少不幸的婚姻，但这一方面是由于每个人性格的差异所致，一方面也包含媒体渲染的成分。你可以经常和身边已结婚的朋友探讨婚姻生活的美好，增加自己对婚姻的憧憬。此外，有恋人的可以和对方彻谈一次，分析你和他料理生活的弱点，共同商量结婚以后遇到此类情况的应对措施；同时，展望以后婚姻生活的美好，增加对婚姻的信心。仔细看看，其实身边幸福的例子很多，多看看幸福的婚姻，多想想好的方面，一切恐惧都会烟消云散。我们不能因为一颗葡萄酸就认定所有葡萄都是酸的，况且，说不定有些人还比较喜欢酸的呢！

## 女人的安全感来自哪里

结婚之前，女人往往非常享受被男人大献殷勤的感觉，享受被男人追求的感觉，然而，一旦结了婚，女人和男人之间的地位就会发生微妙的变化。结婚之前，男人总是提心吊胆，担心自己好不容易追到手的女朋友会动摇甚至变心；而结婚之后呢，男人感觉已经把自己心爱的女人关进了保险箱，有了婚姻作为保障，他们的心里感到踏实多了。和男人的感觉完全相反，结婚前，女人觉得自己是自由自在的风筝，男人小心翼翼地牵着她，生怕一不小心撒手跑了；结婚之后，她们难免会觉得自己受到了冷落，因为恋爱期间的呵护备至、殷勤周到越来越少见了。一旦走入婚姻，女人就要承担起大部分的家务活动；而男人，除了有一个固定的吃饭、睡觉以及娱乐休闲的场所之外，在没有孩子之前，他们的生活几乎没有太大的改变。即使是有了孩子，大部分家庭也是由女人来承担抚育孩子的重任，因此，婚姻除了使男人的肩上多了一份责任之外，带给男人更多的是滋润的生活。比起男人来，女人步入婚姻之后，生活中琐碎的事情无形中多了很多，她们承担了大多数家务劳动，而且要养儿育女，照顾丈夫，甚至要照顾老人。看着男人就像是断了线的风筝一样在广阔无垠的世界中游荡，女人难免会缺乏安全感。她们担心男人的安全问题，担心婚姻的稳固问题，担心孩子的成长问题，担心家庭的收支平衡问题……如此种种，使得女人极度缺乏安全感。

其实，并非所有的女人婚后都缺乏安全感，关键在于女人如何协调自己和家庭之间的关系、如何协调工作和生活之间的关系。很多女人都很痴情，她们觉得，既然结婚了，那么每个人的所有全都应该归于家庭，这样才是一个真正意义上的家。因此，在不知不觉之中，她们为家庭付出了很多。还有一部分女人，为了家庭，她们放弃了自己的工作和事业，放弃了自己的兴趣爱好，放弃了自己的美好前程。这是爱的奉献吗？对于女人来说，这并非一个明智的选择。人类无产阶级导师马克思曾经说过，经济基础决定上层建筑。在家庭生活中，这个道理同样适用。不管是谁，假如依赖于别人生活，必然会失去自我，成为别人的附属品。对于女人来说，要想有独立的自由，要想有自己的人生，就一定要有属于自己的工作或者是事业。虽然爱情能够使男人在短时间之内心甘情愿地养活自己心爱的女人，但是生活的压力往往使人们不堪重负。日久天长，没有经济来源的女人必然失去自己在家庭中的地位和在男人心目中的位置。与此同时，她们必然失去安全感，成为彻底的附庸品。因此，要想有安全感，女人首先应该独立自强。

安全感是自己给自己的，而不是从别人那里得到的。不管是男人还是女人，都应该牢牢地记住这个道理。

## 解码大龄剩女的心理

近几年来，各个卫视电视台的婚恋交友类节目非常火爆，各种类型的婚恋交友网站也越来越吸引人们的眼球。为什么原本水到渠成的男大当婚女大当嫁的问题现在需要如此兴师动众呢？一则是因为人们整日忙于工作，可供选择的结婚对象越来越少，而且没有时间去谈恋爱；二则是因为人们对于人生伴侣的要求越来越高，不仅彻底摒弃了父母之命媒妁之言的传统习俗，还把自己寻找人生伴侣的半径无限扩大。最多的时候，江苏卫视《非诚勿扰》的舞台上站了四个国家的女生，男生也有来自五湖四海的，其中还包括很多来自加拿大、美国的男生。如此看来，在婚恋问题上，一方面是越来越多的人被剩下了，另一方面是越来越多的人开始公开地为自己寻找合心意的人生伴侣。当然，走上婚恋交友类节目、在全国几亿观众的众目睽睽之下寻找人生伴侣的女性只是少数，大多数大龄单身女性都在默默地为自己的单身问题着急或者苦恼，而不愿意婚姻问题被亲戚好友提上日程。其中，甚至有一部分女性存在心理障碍，因此始终无法正确面对自己的婚姻问题。

简而言之，大龄单身女性的心理障碍可以归结为三点。首先，大龄单身女性或者是自卑，或者是非常高傲，要么是觉得自己配不上别人而自我贬低，要么是因为自我感觉良好而不把一切男人放在眼中，最终导致自己大龄未嫁，还弄得亲戚朋友也跟着着急。因此，大龄单身女性或者条件非常优越，也就是人们经常说的“白骨精”或者是“三高”人群，或者条件非常不好。反倒是那些平凡而又中庸的女人，早早地就找到了如意夫君，高高兴兴地把自己嫁了出去。其次，大龄单身女性中不乏自我封闭者。她们之中有的人曾经目睹了父母或者是其他亲人的不幸婚姻，因而根本不相信婚姻，有些因为曾经的恋爱经历受到了伤害，因此很难再接受其他的男性。最后，随着年龄的增大，大龄单身女青年反而更加心有不甘。“反正已经这么大的岁数了，不如再等一等吧，这个时候再凑合，难免对不起大好青春的等待。”正是基于这种心理，很多大龄单身女青年不愿意降低自己的标准，总觉得，既然已经坚持了那么久，就应该再坚持一下，这是导致很多的大龄单身女青年坚守独身的原因。其实，在这个世界上，一见钟情、惊天动地的爱情真的很少，只有缘分到了，才能水到渠成。大多数人的婚姻都是日久生情，就像五六十年代的人一样，尽管当时已经不流行包办婚姻了，但是他们的婚姻很大程度上还是参考了家长或者是领导的意见。如今平平淡淡地一生走下来，倒也波澜不惊、甘苦与共。所以，假如遇到一个人，即便不像心中所想的那么合乎自己的心意，大龄单身女青年也应该适当放宽自己对于爱人苛刻的要求，给自己一个机会。假如能够迈过心中的这个坎，很多大龄单身女青年的婚姻问题就能够迎刃而解。

只要能够放宽心中苛刻的要求，敞开心扉接纳喜欢自己的男生，你就会发现，爱情其实就在转弯处，只是你被高标准严要求蒙蔽了眼睛，始终视而不见而已。

## 塞卡尔尼克效应，难忘的初恋

平静的、忙碌的生活中，女人也许会在一个阳光灿烂的下午或者万籁俱寂的夜晚，偶尔念及自己的青春岁月，初恋时的种种情景，重新浮现在眼前。

当年的光阴，一定就比现在的生活美好吗？今天与我们相濡以沫的丈夫，比不上过去的初恋情人？

这倒也不见得。初恋的滋味又酸又甜，令人念念不忘，理由却很简单，就因为它是“未能成真的第一次恋爱”。有一位心理学家叫塞卡尔尼克，他用种种实验，证实了一个理论，那就是：一般而言，中断（未完成）的动作比完成的动作更容易留在记忆里，这叫作“塞卡尼克效果”。由于初恋是未完成的恋爱，因此才不容易被遗忘。还有，记忆这个东西，即使是惨痛的体验，经过岁月冲淡之后，也会成为“令人怀念”的事，心理学上称它为“记忆的乐观主义”。

我们每个人，大概都有这样的经历。当你翻看相册，看见数年前登山的照片，当时爬坡的艰辛不复记忆，倒是对山上景色壮丽、令人心胸开朗的情景记忆犹新。初恋的感怀也是在同样的心理作用之下产生的，不仅如此，人们还会在无意中美化过去，因此，更充满了抒情的意味。其实，初恋对象的实体，并不值得美化。这并不是真的爱上一个异性，而是“爱上了爱”的成分居多。因此，过分地把它深刻在心里，实在值得考虑。

几乎所有有过多次恋情的女性都曾问过自己：“如果我还和他在一起，会不会……”前男友实际上代表了一条你没有选择的人生道路，而对于不可能知晓的结局，人总会念念不忘，充满好奇心，并对虚幻的美梦抱有一丝遗憾。这种思维虽然是很正常的，但是如果不加控制，它将会不断滋生蔓延，像越滚越大的雪球一样，最终将你完全吞噬。

我们如何面对这种心理状况呢？

首先，你要强迫自己把眼前的玫瑰色眼镜移开，回想一下当初为什么要和他分手。要客观一点看待这个问题：你实际上是试图在不完整的回忆中把一段由于某种原因导致破裂的感情再次理想化。

其次，要认清，你所留恋的、真正吸引你的，并不是他的人，而是那些你们曾经一起做过的事。是你们曾经在周末街头漫步的夕阳美景深深吸引了你，还是曾经精心安排的约会让你终生难忘？不论你觉得现实多么不如意，你只要能从过去的美好记忆中找到所缺少的并带回你现在的生活中，就足够了。

另外，我们要明白，自己的初恋情人并非不可取代。婚姻是一般人的普通问题，合适做你丈夫的男人，绝非前无古人后无来者的异数。就像我们是早已存在的普通女人，那些普通的男人，也已安稳地在地球上生活很多年了。我们不单单是一个人，更是一种类型，就像喜欢吃饺子的人，多半也热爱包子和馅饼。如果你是玫瑰，只要清醒地坚定地寻找到百合种属中的一朵，你就基本获得了幸福。

女人不要把一生的幸福寄托在婚前对男性千锤百炼的挑拣中，以为选择就是一切，对了就万事大吉，错了就一败涂地。选择只是一次决定的机会，对了固然比错了好，但正确的选择只是良好的开端，即使航向无误，我们依然可能遭遇风暴。选择错了，不过是输了第一局。开局不利，当然令人懊恼，然而赛季还长，我们可以整装待发，争取赢得最终胜利。

似水流年，所有的女人都会成长。有一天我们会真正明白，初恋是历程，婚姻是蜕变；初恋是怦然心动，婚姻是长久关怀；初恋是记忆的泡沫，婚姻是现实的生活。

当然，这不是说我们一定要完全忘却过去，毕竟，初恋有它纯真、新鲜的一面，代表着我们曾经的美好年华。你可以把初恋当成一幅画，摆放在一个适当的位置，用于观赏。过分美化初恋时光固然会影响我们的生活，可如果放不下感情的包袱，无异于走了另一个极端。有些女人常常会抱怨自己初恋的不堪回首，怨自己当初怎么会爱上那个人，其实，爱就爱了，很多事情没有对与错，爱亦如此。重要的是，是否认认真真、纯纯粹粹地爱过。别去计较什么，所谓得失、所谓代价，都不过是借口和语言的技巧罢了，抱怨得多了，就如给自己的心套上枷锁，水分与营养都无法渗入，日子久了，心也干涸枯萎了。

## 异性效应，把握交往的尺度

异性相吸是一种自然反应，在工作和社交中适当运用男女之间这种微妙的关系，处理事情会比较顺利和省心。

俗话说，士为知己者死，女为悦己者容。我们活着是为了自己，而不是为了别人，但异性吸引定律作用于每个人的心理。

在生活中，我们经常可以看到这种现象：商场中卖男士用品的专柜多是女服务员；在同一家发廊，会有不同性别的几名理发师为顾客服务，当顾客是女性时，更多的时候，男性理发师会热情招呼。异性在服务过程中的交流和夸赞，在人们的心里会占很大的分量。这也是异性吸引定律的一个表现。

异性之间的吸引在爱情中体现得更为直接和明显。有些心理学家把异性吸引称为一种化学反应：异性之间的吸引是一种化学反应过程，是由身体受到某种自然刺激产生的，如视觉、听觉、嗅觉及触觉等。当你的这种感觉和你事先设置的形象符合时，你便会被他（她）吸引。

心理学家海伦说："我们的研究是基于人类在情感萌动时期混沌状态中的一种潜意识，那时的人们会有一种完美伴侣形象的构想。"当这种存在于脑海中的完美形象与现实生活中的他（她）对上号时，人就可能被对方深深吸引，产生一种强烈的“倾慕感”，即“一见钟情”。“情人眼里出西施”这句话经常用来描述热恋中的男女对对方怀有美好的印象，这也是异性吸引的一个极端化的直接反应。

“男女搭配，工作不累”的口号经常被我们挂在嘴边，从心理学角度讲，这符合异性吸引定律的反应。人对异性都有一种好奇心理，都喜欢与异性打交道，我们可以在合适的情况下发挥自身的魅力来帮助我们完成任务，但是无论做什么事情都要有个度，过了，效果就适得其反了。

心理学家告诫人们，“异性效应”不能滥用。不管是从社会公共道德还是个人修养的角度来说，利用自己的外表和身体特征吸引异性以求达到某种目的或实现某些利益，是极其不可取的。

女性外表漂亮，讨人喜欢，如果再加上交往得当，在异性面前办事就会更容易，这是正常的；反之，如果用色相去引诱别人，就很容易被人嗤之以鼻。同样，男性在这方面也要特别注意，你对异性，尤其是对年轻漂亮的异性热情些、客气些也无可非议，但若把异性当作刺激、想入非非，让人觉得你“色迷迷”的，就超过限度了，同时也会影响你的心理健康。

## 找到双方最舒适的婚姻温度

假如说恋爱是100℃的沸水，那么婚姻则是30℃的温水。也许有人不相信——因为爱情而诞生的婚姻为什么会与爱情有着如此大的温差呢？但事实确实如此。在蜜月期，也许人们仍然能够维持比较高的感情温度，但是，等到蜜月期过了之后，回归到平实的生活中，婚姻就会回归到一种不温不火的状态之中。婚姻是一杯30℃的温开水，这样的水经过了热恋的沸腾状态，渐渐地归于平淡，以最舒适的温度让相爱的人彼此依偎。当然，也有人会觉得这个温度和热恋的100℃反差太大，因此无法适应。其实，每个人可以根据自己的需要调节婚姻的温度，从而为自己找到最舒适的温度。

有的人习惯比较高的温度，有的人习惯比较低的温度，这完全是一种个人喜好，不过，必须与相爱的人协调一致。在相爱的男人和女人之间，假如男人习惯于比较淡的夫妻关系，而妻子却始终想要维持100℃的高温，那么双方必然都会无法适应，因为男人对于女人而言太冷，女人对于男人而言又太热。只有找到一个平衡点，使温度被双方所接受，使温度让双方都觉得无比舒适，这段婚姻才能以最好的状态维持长久。这就像人们以前所说的，有人崇尚夫妻之间应该举案齐眉、相敬如宾，有的人则认为夫妻之间就应该打打闹闹、爱恨纠缠。这就是人们对于爱情的截然不同的喜好。婚姻温度也是如此，找到双方都觉得舒适的温度是最重要的。

婚姻是不是就像洗澡？每个人对于水温都有着不同的要求。同样的温度，有的人觉得很舒适，有的人觉得很冷，有的人觉得很热。幸好，爱是双方的事情，所以，要想找到最合适的温度，只需要经过两个人的同意就可以了。在双方的共同努力之下，婚姻才能以最适宜的温度维持，使相爱的两个人都觉得温暖舒适。

和温度极高的恋爱比起来，婚姻的温度无疑更低。相爱的两个人应该多多沟通和交流，找到适合彼此的温度，这样才能共同享受幸福美满的婚姻。

# 参考文献

[1] 倪秉瑞.轻松读懂心理学知识[M].北京：中国城市出版社，2012.

[2] 文真明.从零开始读懂心理学[M].上海：立信会计出版社，2014.

[3] 京师心智.三天读懂心理学[M].北京：中国法制出版社，2016.

[4] 耿兴永.一本书读懂心理学[M].北京：中国法制出版社，2016.